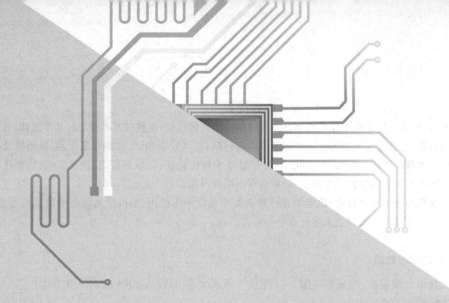

电路与电工技术

主　编　张丽艳　詹跃明

重庆大学出版社

内容提要

本书共分 6 章,包含电路和电工技术两部分。电路部分的内容包括:电路的基本概念和基本定律,直流电路的基本分析和计算,正弦交流电路等。电工部分的内容包括:电气安全知识,磁路与变压器,电动机及控制基础等。本书的基本理论以"必需、够用"为出发点,尽量减少理论论证,以掌握概念、突出应用、培养技能为教学重点。为帮助学生理解和掌握基本概念,每章后有小结和习题。

本书适用于高职高专电子信息类、机电类及计算机类专业的学生使用,也可供从事电子信息类专业、机电类及计算机类的工程技术人员和业余爱好者学习参考。

图书在版编目(CIP)数据

电路与电工技术 / 张丽艳,詹跃明主编. —— 重庆 : 重庆大学出版社,2019.8(2020.8 重印)
ISBN 978-7-5689-1472-7

Ⅰ.①电… Ⅱ.①张… ②詹… Ⅲ.①电路—高等职业教育—教材②电工技术—高等职业教育—教材
Ⅳ.①TM

中国版本图书馆 CIP 数据核字(2019)第 145942 号

电路与电工技术
主 编 张丽艳 詹跃明
策划编辑:曾显跃

责任编辑:文 鹏 版式设计:曾显跃
责任校对:王 倩 责任印制:张 策

*
重庆大学出版社出版发行
出版人:饶帮华
社址:重庆市沙坪坝区大学城西路 21 号
邮编:401331
电话:(023)88617190 88617185(中小学)
传真:(023)88617186 88617166
网址:http://www.cqup.com.cn
邮箱:fxk@ cqup.com.cn(营销中心)
全国新华书店经销
重庆俊蒲印务有限公司印刷

*
开本:787mm×1092mm 1/16 印张:10 字数:251 千
2019 年 7 月第 1 版 2020 年 8 月第 2 次印刷
印数:1 001—2 000
ISBN 978-7-5689-1472-7 定价:32.00 元

前言

  本书在习近平新时代中国特色社会主义思想的指导下,根据教育部高职高专培养目标和对本课程的基本要求,结合全国高等职业技术教育电子信息类专业系列教材研讨会的精神编写而成。

  本书在编写过程中,始终坚持为高职教育服务的思想,力求编出特色、编出质量,注重强化了以下基本内容:

  ①教材内容与高职学生的知识、能力结构相适应,重点突出职业特色,提高教材针对性、实用性。

  ②在内容阐述方面,力求简明扼要,通俗易懂,加强理论与实践的结合。

  ③教材的基本理论以"必需、够用"为出发点,尽量减少理论论证,以掌握概念、突出应用、培养技能为教学重点。

  ④在电气安全知识中,与实际接轨,介绍了最新的实用技术。

  本书共分6章,包含电路和电工技术两部分。电路部分的内容包括:电路的基本概念和基本定律,直流电路的基本分析和计算,正弦交流电路等。电工部分的内容包括:电气安全知识,磁路与变压器,电动机及控制基础等。

  本书第1、第2、第3章由重庆能源职业学院张丽艳编写,第4、第5、第6章由重庆能源职业学院詹跃明编写。

  本书由郭虎高级工程师、刘安才副教授共同审阅,在此,对以上审阅者给予本书稿所提供的诸多宝贵意见表示衷心感谢。

  本书在编写过程中,由于编者能力有限,书中不妥之处在所难免,希望读者予以批评指正。

编 者

2019年5月

目录

第 1 章

电路的基本概念和基本定律

熟悉电路的基本概念和基本定律是学习电工技术和电子技术的基础。本章介绍电路的基本概念和基本定律,主要有:电路的组成和作用,电路和电路模型,电路的基本物理量,电压和电流的参考方向,电位的概念及计算。

1.1 电路及电路模型

1.1.1 电路的组成和作用

电路是电流的通路,它是为了实现某种功能,由一些电气器件和设备按一定方式连接而成。比较复杂的电路呈网状,称为网络。

电路的结构形式很多,功能各不相同。电路的一种功能是实现电能的传输和转换,例如图1.1.1(a)所示的手电筒电路。其中,干电池是一种电源,将化学能转换成电能,供负载取用;电灯泡是电路的负载,取用电能,并将电能转换成光能;开关和导线是电路的传输环节,使电流构成通路。

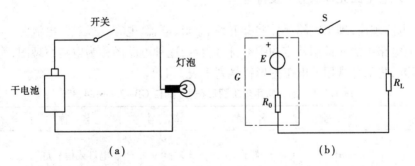

图 1.1.1 手电筒电路

电路的另一种功能是实现电信号的传递和处理,例如图1.1.2所示的扩音机电路。话筒能将声音信号转换成相应的电压和电流(这就是电信号),然后由放大器传递到扬声器,扬声器再将电信号还原成声音信号。其中,由于话筒输出的信号比较微弱,不足以推动扬声器发

1

音,因此中间需要放大器来放大。这种信号的转换和放大,称为信号的处理。话筒是输出电信号的设备,称为信号源,相当于电源;放大器放大和传递信号,相当于传输环节;扬声器接收和转换信号,相当于负载。可见,电源、负载和传输环节是组成电路必不可少的三部分。

图 1.1.2　扩音机电路示意图

电压源、信号源输出电压和电流推动电路工作,称为激励;激励在电路中各部分产生的电压和电流,称为响应。

1.1.2　电路模型和理想电路元件

设计和制造某种器件,是利用它的某种电磁性质来进行,但是实际器件的电磁性质比较复杂,常常几种电磁现象交织在一起。例如,在手电筒电路中,电灯泡除了消耗电能的性质(电阻性)外,每当有电流通过时还会产生磁场,即具有电感的性质;电压源因有内阻,使用时端电压不可能总保持不变;导线和开关总有些电阻,甚至还有电感。这都会使实际电路的分析变得比较复杂。为了简化分析,需要将实际器件理想化,即在一定条件下突出其主要的电磁性质,忽略其次要的电磁性质,将其理想化为一个元件或几个元件的组合。这种元件只体现一种电磁性质,称为理想电路元件,简称电路元件。例如,在手电筒电路中,可以将电灯泡视为一个电阻元件,干电池理想化为电压源与电阻串联,开关闭合的接触电阻和导线的电阻忽略不计,视为无电阻的理想导体。理想电路元件主要有电阻元件、电感元件、电容元件、电源元件等。

由理想电路元件组成的电路称为实际电路的电路模型。图 1.1.1(b)就是手电筒的电路模型。以后分析的都是电路模型,简称电路。

1.1.3　理想电路元件的分类及符号

按经典电路理论,理想电路元件共有五种:电阻、电感、电容、电压源、电流源。为了便于分析和计算,把电路中的元件用特定的图形符号表示,这种电路图称为电路原理图,简称电路图。根据国家标准,将部分常用的电工图形符号列于表 1.1.1。

表 1.1.1　部分常用电工图形符号(摘自 GB 4728—84、85)

名　称	符　号	名　称	符　号	名　称	符　号
电池	⊣⊢	端子	○	电灯或信号灯	⊗

名　称	符　号	名　称	符　号	名　称	符　号
直流发电机	Ⓖ	开关	形式1 形式2	电阻器	
直流电动机	Ⓜ	连接导线		电位器	
理想电压源		不连接导线		电感器(线圈)	
理想电流源		接机壳或 接地板		电容器	
电压表	Ⓥ	接地		熔断器	
电流表	Ⓐ				

思考题

1. 叙述电路的定义及其主要组成部分。
2. 举例说明,若按工作任务划分,电路功能的分类。
3. 叙述电路模型的定义,理想元件的定义,以及常见的理想元件。

1.2　电路的基本物理量

1.2.1　电流及其参考方向

带电粒子(电子、离子等)的有序运动形成电流。将单位时间内通过导体横截面的电量定义为电流,其瞬时值用符号"i"表示,即

$$i(t) = \frac{\mathrm{d}q}{\mathrm{d}t} \tag{1.2.1}$$

式中,$\mathrm{d}q$ 是指在极短的时间,$\mathrm{d}t$ 内通过导体横截面的电荷量。我国法定计量单位以国际单位制(SI)为基础。在国际单位制中,电流的单位是安[培](A)。当 1 秒(s)内通过导体横截面的电荷量为 1 库[仑](C)时,电流为 1 A。计量微小的电流时,电流以毫安(mA)或微安(μA)为单位。

习惯上规定正电荷运动的方向为电流的方向。若电流的量值和方向不随时间变动,即等于定值,则这种电流称为直流电流,简称直流(DC),用符号"I"表示。

直流以外的电流统称为时变电流。

3

如图 1.2.1 所示,规定了电流参考方向后,电流就是一个代数量。若电流的参考方向和实际方向一致,则电流取正值;反之,则取负值。

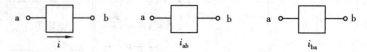

图 1.2.1　电流参考方向的两种表示

1.2.2　电压、电位、电动势及其参考方向

(1)电压、电位、电动势

电路中 a、b 两点间的电压为单位正电荷在电场力的作用下从 a 点转移到 b 点时所失去的电能,用符号"u"表示,即

$$u_{ab}(t) = \frac{dw}{dq} \tag{1.2.2}$$

式中,dq 为由 a 点转移到 b 点的正电荷的电量,dw 为转移过程中失去的电能 Q,失去电能体现为电位的降低,即电压降。所以,电压的方向为电位降低的方向。

若取电路中的一点 o 为参考点,则由某点 a 到参考点的电压称为 a 点的电位,用符号"v_a"表示。参考点可以任意选择,但是,在一个连通的电路中,只有一个参考点,参考点的电位为零。

电压和电位的关系为:a、b 两点间的电压等于这两点的电位差,即

$$u_{ab} = v_a - v_b \tag{1.2.3}$$

所以,电压有时也称电位差。

应当注意,电路中各点的电位值随所选参考点位置的不同而不同,但参考点一经选定,则各点的电位值就是唯一确定的,这是电位的相对性和单值性;电路中任意两点间的电压值取决于这两点的电位值之差,与参考点选择在何处无关。

在电场力的作用下,一般正电荷总是从高电位向低电位转移,而电源内部有一种电源力,可以将正电荷从低电位转移到高电位,因此,闭合电路中才能形成连续的电流。电动势就是指单位正电荷在电源力的作用下在电源内部转移时所增加的电能,用符号"e"表示,即

$$e(t) = \frac{dw}{dq} \tag{1.2.4}$$

式中,dq 为转移的正电荷,dw 为正电荷在转移过程中增加的电能。增加电能体现为电位的升高,即电压升。所以,电动势的方向是电位升高的方向。

电压、电位和电动势的 SI 单位都是伏[特](V)。计量微小电压(电位、电动势)时,以毫伏(mV)或微伏(μV)为单位。计量高电压(电位、电动势)时,以千伏(kV)为单位。

当电压和电动势的大小和方向都不变时,称为直流电压和电动势,分别用符号"U"和"E"表示。

(2)电压、电动势的参考方向

应当注意:

①电流、电压、电动势的参考方向可以任意规定而不影响实际结果,当规定的参考方向相反时,计算出的结果相差一个负号。

②电压和电动势如图 1.2.2 所示,参考方向一经规定,在整个电路的分析计算中就必须以此为准,不能变动。

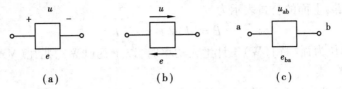

图 1.2.2　电压和电动势参考方向的三种表示

③电压和电流的参考方向可以分别独立规定。一般规定同一个元件的电压和电流的参考方向相同,即参考电流方向为从参考电压的正极性端流入该元件而从它的负极性端流出,如图 1.2.3(a)所示。此时,称该元件的电压、电流参考方向为关联参考方向;反之,则称为非关联参考方向,如图 1.2.3(b)所示。

④在没有规定参考方向的情况下,电流、电压的正负号是没有意义的。

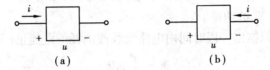

图 1.2.3　电压、电流参考方向的关联与非关联

1.2.3　电功率和电能量

电能转换的速率就是电功率,简称功率,用符号"p"表示,即

$$p = \frac{\mathrm{d}w}{\mathrm{d}t} \tag{1.2.5}$$

若一个元件或网络有两个引出端,则该元件或该网络称为二端元件或二端网络。例如,图 1.2.4 中网络就是二端网络。

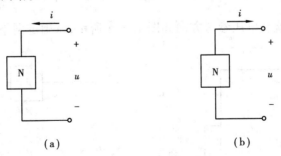

图 1.2.4　二端网络的功率

图 1.2.4(a)电压和电流为关联参考方向,由电流和电压的定义可以推导出该二端网络吸收功率的计算公式,即

$$p = ui \tag{1.2.6}$$

图 1.2.4(b)电压和电流为非关联参考方向,由电流和电压的定义也可以推导出该二端网络吸收功率的计算公式,即

$$p = -ui \tag{1.2.7}$$

在分析计算时,无论用的是哪一个公式,只要功率为正,则表明该二端网络吸收功率或消耗功率,为负载;只要功率为负,则表明该二端网络发出功率或产生功率,为电源。

对于直流电路,上面的公式表示为

$$P = UI \text{ 或 } P = -UI \tag{1.2.8}$$

功率的 SI 单位为瓦[特](W)。计量大功率时,以千瓦(kW)、兆瓦(MW)表示,计量小功率时,以毫瓦(mW)表示。

例 1.2.1 在图 1.2.4 中,若 $u = 5$ V,$i = -3$ A,试分别求图(a)、(b)所示二端网络的功率 P。

解 ①因为电压与电流关联,所以有

$$p = ui = 5 \times (-3) \text{W} = -15 \text{ W}(\text{产生})$$

即二端网络产生 15 W 的功率。

②因为电压与电流非关联,所以有

$$p = -ui = -5 \times (-3) \text{W} = 15 \text{ W}(\text{吸收})$$

即二端网络吸收 15 W 的功率。

根据功率的定义可以推出一段时间内电路吸收或消耗的电能量(简称电能)的公式,即

$$W = \int_{t_0}^{t} p \, dt \tag{1.2.9}$$

$$W = P(t_0 - t) \tag{1.2.10}$$

电能的 SI 制单位是焦[耳](J),它表示 1 W 的用电设备在 1 s 内消耗的电能。电力工程常用千瓦时(kW·h)作为电能的单位,它表示 1 kW 的用电设备在 1 h(3 600 s)内消耗的电能(俗称为 1 度电)。

思考题

1. 某一电路的电流和电压参考方向如图 1.2.5 所示,试确定网络 A 电流和电压是否关联? 网络 B 呢?

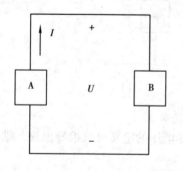

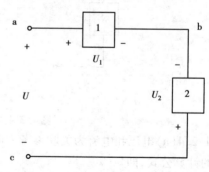

图 1.2.5

图 1.2.6

2. 有人说"两点间的电压等于这两点的电位值之差。由于电位值取决于电路的参考点,所以当参考点改变时,这两点间的电压也会改变"。你同意他的观点吗?

3. 在图 1.2.6 的电路中,$U_1 = 10$ V,$U_2 = 5$ V。试计算:①若参考点选在 c 点,求 V_a、V_b、V_c、

U;②若参考点选在 b 点,再求 V_a、V_b、V_c、U。

4. 在图 1.2.7 的电路中,已知元件产生的功率为 UI,试确定电压的参考极性。

5. 在图 1.2.8 的电路中,已知 $U_1 = 1$ V,$U_2 = -1$ V,$I = 2$ A,试问:①a、b 两点哪一点电位高? ②分别求网络 N_1、N_2 的功率 P_1、P_2,它们是吸收功率还是发出功率?

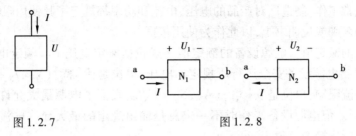

图 1.2.7   图 1.2.8

1.3 电路的三种状态和电气设备的额定值

1.3.1 电路的工作状态

电路的工作状态一般有三种:有载状态、短路状态和开路状态,分别如图 1.3.1 所示。

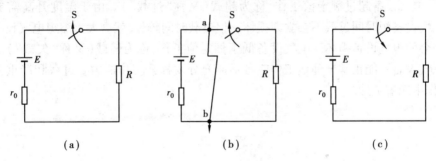

图 1.3.1 电路的工作状态

(1)有载状态

在图 1.3.1(a)所示的电路中,当开关 S 闭合后,电源与负载接成闭合回路,电源处于有载工作状态,电路中有电流流过。

(2)短路状态

在图 1.3.1(b)所示的电路中,当 a、b 两点接通时,电源被短路,此时电源的两个极性端直接相连。电源被短路往往会造成严重后果,如导致电源因发热过甚而损坏,或因电流过大而引起电气设备的机械损伤,因此要绝对避免电源被短路。所以,在实际工作中,应经常检查电气设备和线路的绝缘情况,以防发生电压源短路事故。此外,还应在电路中接入熔断器等保护装置,以便在发生短路事故时能及时切断电路,达到保护电源及电路元器件的目的。

(3)开路(断路)状态

在图 1.3.1(c)所示的电路中,开关 S 断开或电路中某处断开时,被切断的电路中没有电流流过,开路又称断路。

1.3.2　电气设备的额定值

（1）额定工作状态

任何电气设备在使用时，电流过大、温升过高都会导致绝缘的损坏，甚至烧坏设备或元器件。为了保证正常工作，制造厂对产品的电压、电流和功率都规定了其使用限额，称为额定值，通常标在产品的名牌或说明书上，以此作为使用依据。

①电源设备的额定值。电源设备的额定值一般包括额定电压 U_N、额定电流 I_N 和额定容量 S_N。其中，U_N 指电源设备安全运行所规定的电压，单位是伏［特］（V）；I_N 指电源设备安全运行所规定的电流限额，单位是安［培］（A）；$S_N = U_N I_N$，表征了电源最大允许的输出功率，单位为伏安（V·A）。但电源设备工作时不一定总是输出规定的最大允许电流和功率，究竟输出多大还取决于所连接的负载。

②负载的额定值。负载的额定值一般包括额定电压 U_N、额定电流 I_N 和额定功率 P_N。对于电阻性负载，由于这三者与电阻 R 之间具有一定的关系式，所以它的额定值不一定全部标出。

（2）超载、满载、轻载

电气设备在额定值情况下工作的状态称为额定工作状态（又称"满载"）。这时电气设备的使用是最经济合理、最安全可靠的，不仅能充分发挥设备的作用，而且能够保证电气设备的额定寿命。电气设备超过额定值工作，称为超载（又称"过载"）。由于温度升高需要一定时间，因此电气设备短时间过载不会立即损坏。但过载时间较长，就会大大缩短电气设备的使用寿命，甚至会使电气设备损坏。电气设备低于额定值工作，称为轻载（又称"欠载"）。在严重欠载下，电气设备不能正常合理地工作或者不能充分发挥其工作能力。过载和严重欠载都是在实际工作中应避免的。

思考题

1. 标有 100 Ω、4 W 的电阻，如果将它接在 20 V 或 40 V 的电源上，能否正常工作？

2. 一直流电源，其额定功率为 $P_N = 200$ W，额定电压 $U_N = 50$ V，内阻为 $R_0 = 0.5$ Ω，负载电阻 R_L 可调。试求额定工作状态下的电流及负载电阻。

1.4　电路基本元件及其伏安关系

电路元件是电路的基本构成单元。研究电路元件的性质及规律，是研究电工电子技术的基础。本节主要介绍 3 种基本的电路元件——电阻元件、电容元件和电感元件。

1.4.1　电阻元件

按照流经电阻元件的电流和电压关系，电阻可分为线性电阻和非线性电阻两种。如果流经一个电阻的电流与电阻两端的电压成正比，则称其为线性电阻，其电阻值为常数，且电阻、电流和电压之间符合欧姆定律,图形符号如图1.4.1所示。如果电阻两端的电压与通过它的电流不是线性关系,则该电阻称为非线性电阻,其电阻值不是常数。

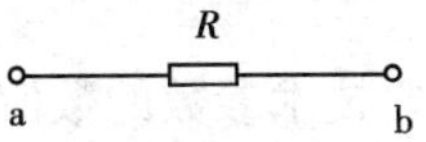

$$R$$
a　　　　b

图1.4.1　电阻元件符号

常温下,金属导体的电阻是线性电阻,在其额定功率内,其伏安特性曲线为直线。特殊的,像热敏电阻、光敏电阻等,在不同的电压和电流下,其电阻值不同,因此其伏安特性曲线为非线性。

（1）**电阻元件的作用和表述**

电阻元件是代表消耗电能的理想电路元件,它有阻碍电流流动的功能,沿电流流动的方向必然会产生电压下降。电阻元件在电路中多用来进行限流、分压、分流以及阻抗匹配等,也有在数字电路中作为提拉(上拉)电阻使用的,它是电路中应用最多的元件之一。

电阻器的代表符号为R,单位是欧[姆],简称欧,符号为Ω。电阻的单位换算为

$$1\ M\Omega(兆欧) = 1\ 000\ k\Omega(千欧) = 1\ 000\ 000\ \Omega(欧)$$

由欧姆定律可知,电阻元件上的电压与流过它的电流成正比,在电压与电流为关联参考方向时,有

$$U = IR \tag{1.4.1}$$

如果电压与电流的参考方向为非关联的,则有

$$U = -IR \tag{1.4.2}$$

（2）**电阻元件的伏安特性**

如果把电阻元件的电压取为纵坐标(或横坐标),电流取为横坐标(或纵坐标),画出电压和电流的关系曲线,这条曲线称为该电阻元件的伏安特性。线性电阻元件的伏安特性是通过坐标原点的直线,元件上的电压与元件中的电流成正比,如图1.4.2所示。在电压和电流为关联参考方向时,任何时刻线性电阻元件吸取的电功率为

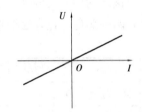

图1.4.2　电阻元件的伏安特性

$$P = UI = RI^2 = \frac{U^2}{R} \tag{1.4.3}$$

电阻R是一个与电压U和电流I无关的正实常数,故功率P恒为非负值。这说明任何时刻电阻元件都不可能发出电能,也就是说,它吸取的电能全部转换成其他非电能而被消耗掉或作为其他用途。所以,线性电阻元件不仅是无源元件,而且还是耗能元件,它总是在消耗功率。

与线性电阻元件不同,非线性电阻元件的伏安特性不是一条通过原点的直线,所以元件上的电压和元件中的电流之间不服从欧姆定律,且元件的电阻将随电压或电流的改变而改变。为了叙述方便,把线性电阻元件简称为电阻。这样,"电阻"这个术语以及它相应的符号R,一方面表示一个电阻元件,另一方面也表示这个元件的参数。

（3）**其他种类电阻**

电阻的种类较多,按制作的材料不同,可分为绕线电阻和非绕线电阻两大类。非绕线电阻因制造材料的不同,有碳膜电阻、金属膜电阻、实心碳质电阻等。另外还有一类特殊用途的电阻,如热敏电阻、压敏电阻等。

（4）**电阻的表示方法**

电阻的表示方法有直标法和色环法两种。

1）电阻规格的直标法

直标法是直接将电阻的类别和主要技术参数的数值标注在电阻表面上,如图 1.4.3（a）所示为碳膜电阻（T 为碳膜,H 为合成碳膜,J 为金属膜,X 为线绕）,阻值为 1.2 kΩ,精度（误差）为 10%。

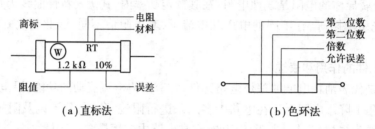

（a）直标法　　　　　　　　　　（b）色环法

图 1.4.3　电阻规格的表示方法

2）电阻的色环表示法

色环表示法分四道和五道色环表示法两种形式。

四道色环:第 1、2 色环分别表示阻值的第一、第二位数字,第 3 色环表示前两位数字再乘以 10 的方次,第 4 色环表示阻值的允许误差,如图 1.4.3（b）所示。五道色环:第 1、2、3 色环分别表示阻值的前 3 位数字,第 4 色环表示前 3 位数字再乘以 10 的方次,第 5 色环表示阻值的容许误差。1 至 4 道（4 色标为 3 道）色环是均匀分布的,另外一道是间隔较远分布的,读取色标应该从均匀分布的那一端开始。也可以从色环颜色断定从电阻的那一端开始读,最后一环只有两种颜色。色环表法中,每种不同的颜色分别对应的数值及误差如表 1.4.1 所示。

表 1.4.1　电阻的色环表示对应值

色环颜色	黑	棕	红	橙	黄	绿	蓝	紫	灰	白	金	银	本 色
对应数值	0	1	2	3	4	5	6	7	8	9	—	—	—
误　差											±5%	±10%	±20%

1.4.2　电容元件及其伏安关系

电容器在电路中多用来滤波、隔直、耦合交流、旁路交流及与电感元件构成振荡电路等,也是电路中应用最多的元件之一。电容器可分为无极性电容和有极性电容（电解电容）两种。

电解电容是目前用得较多的电容器,它体积小,耐压高,是有极性的电容:正极是金属片表面上形成的一层氧化膜,负极是液体、半液体或胶状的电解液。电解电容因有正负极之分,一般工作在直流状态下,如果极性用反,将使漏电流剧增,在此情况下,电解电容将会急剧变热并使电容损坏,甚至引起爆炸。

一个简单的电容器是由两个金属极板用介质隔开构成的。由于理想介质是不导电的,在外加电源的作用下,两个极板上分别储存着等量的异性电荷;当外电源撤掉以后,这些异性电荷因介质阻隔不能中和,故能在极板上永久储存下去。电荷建立起电场,电场中储存着能量,所以,电容器是储存电场能的器件。电容元件是实际电容器的理想化模型,是反映储存电场能的理想电路元件。电容元件简称电容,其电路模型如图 1.4.4 所示。

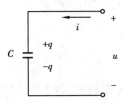

图 1.4.4　电容元件电路模型

电容也是一种电荷与电压相约束的元件,其金属极板上储存的电荷量 Q 与电压 u 成正比。图 1.4.4 中电荷与电压参考方向关联,有

$$Q = Cu \tag{1.4.4}$$

比例系数 C 称为电容,是表示电容特性的参数。若 C 为常数,称该电容为线性非时变电容;若不申明,均指线性非时变电容。

电容的 SI 单位是法[拉](F)。实际电容比 1F 小得多,以微法(μF)、纳法(nF)、皮法(pF)为单位。

当极板上的电荷变化时,电容中就会有电流流过。在电压和电流的参考方向关联时,流过电容的电流为

$$i(t) = \frac{\mathrm{d}q}{\mathrm{d}t} = C \frac{\mathrm{d}u}{\mathrm{d}t} \tag{1.4.5}$$

式(1.4.5)就是电容的伏安关系的微分形式。该式表明,某一时刻流过电容的电流取决于此时电压的变化率。即只有当电压变化时,电容中才会有电流流过;电压变化越快,电流越大。当电容两端加直流电压时,$\frac{\mathrm{d}u}{\mathrm{d}t} = 0$,$i = 0$,所以,在直流稳态电路中,电容相当于开路,这就是电容的隔直作用。当电压升高,$\frac{\mathrm{d}u}{\mathrm{d}t} > 0$,$\frac{\mathrm{d}q}{\mathrm{d}t} > 0$,$i > 0$,极板上电荷增加,电容充电;当电压降低,$\frac{\mathrm{d}u}{\mathrm{d}t} < 0$,$\frac{\mathrm{d}q}{\mathrm{d}t} < 0$,$i < 0$,极板上电荷减少,电容放电。该式还表明,在电容的电流有界时,电容两端的电压不能跃变,即电容的电压是连续的。如果电压跃变,$\frac{\mathrm{d}u}{\mathrm{d}t}$ 为无穷大,i 也为无穷大。这对实际器件来说,当然不可能。

在电压和电流的参考方向关联时,电容的功率为

$$p(t) = ui = Cu \frac{\mathrm{d}u}{\mathrm{d}t} \tag{1.4.6}$$

t 时刻电容储存的电场能为

$$W_c(t) = \int_0^t p(t)\mathrm{d}t = \int_0^u cu\mathrm{d}u = \frac{1}{2}cu^2(t) \tag{1.4.7}$$

上式表明,某一时刻电容的储能仅与此时的电压值及电容的参数 C 有关。电容有电压就有储能。当 C 一定时,电容的电压越高,储存的电场能就越多;反之,储存的电场能就越少。当电压一定时,C 越大,电容储存的电场能就越多;反之,储存的电场能就越少。故电容的电压反映了电容的储能状态,参数 C 反映了电容的储能能力。因此,又将参数 C 称为容量。对于直流

$$W_c = \frac{1}{2}CU^2 \tag{1.4.8}$$

式中，W_C 的 SI 单位是焦（耳）（J）。

1.4.3　电感元件及其伏安关系

电感元件概括起来可分两大类：一是自感式线圈，如天线线圈、调谐线圈、阻流线圈、提升线圈、稳频线圈和偏转线圈等；二是互感式变压器，如电源变压器、音频变压器、振荡变压器和中频变压器等。

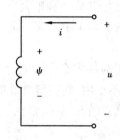

图 1.4.5　电感元件的电路模型

导线通过电流时，周围即建立起磁场。为了增强内部的磁场，通常将导线绕制成线圈，称为电感器或电感线圈。理想的电感器只具有储存磁场能的作用，是一种电流与磁链相约束的器件，称为电感元件，简称电感，其电路模型如图1.4.5所示。

当元件代表的电感线圈的电流与磁链的参考方向符合右手螺旋法则时，在电流流入电感处标以磁链的"＋"号，称电流与磁链关联。图1.4.5中，u、i、ψ 三者关联。此时，电流与磁链的约束关系表示为

$$\psi = Li \tag{1.4.9}$$

比例系数 L 称为电感，是表示电感特性的参数。故"电感"既表示电感元件，又表示元件的参数。若 L 为常数，称该电感为电感元件的电路模型线性非时变电感。若不申明，均指线性非时变电感。

电感的 SI 单位是亨［利］（H）。实际电感往往比 1H 小得多，常以毫亨（mH）、微亨（μH）为单位。

当通过电感的电流变化时，磁链也相应地变化，根据电磁感应定律，电感两端会出现感应电压，这个感应电压等于磁链的变化率。电感的电压、电流和磁链的参考方向关联时，有

$$u = \frac{\mathrm{d}\psi}{\mathrm{d}t} = L\frac{\mathrm{d}i}{\mathrm{d}t} \tag{1.4.10}$$

式(1.4.10)就是电感的伏安关系的微分形式。该式表明，某一时刻电感的电压取决于此时电流的变化率。即只有当电流变化时，电感两端才会有电压；电流变化越快，电压越大。当电感通过直流电流时，$\frac{\mathrm{d}i}{\mathrm{d}t}=0$，$u=0$，所以，在直流稳态电路中，电感相当于短路。该式还表明，在电感的电压有界时，电感的电流不能跃变，即电感的电流是连续的。如果电流跃变，$\frac{\mathrm{d}i}{\mathrm{d}t}$ 为无穷大，u 也为无穷大，这对实际器件来说，当然不可能。

在电压和电流的参考方向关联时，电感的功率为

$$p(t) = ui = Li\frac{\mathrm{d}i}{\mathrm{d}t} \tag{1.4.11}$$

电感储存的磁场能为

$$WL(t) = \int_0^t p(t)\,\mathrm{d}t = \int_0^i Li\,\mathrm{d}i = \frac{1}{2}Li^2 \tag{1.4.12}$$

上式表明，某一时刻电感的储能仅与此时的电流值及电感的参数 L 有关。电感有电流就

有储能。当 L 一定时,电感的电流越高,储存的磁场能就越多;反之,储存的磁场能就越少。当电流一定时,i 越大,电感储存的磁场能就越多;反之,储存的磁场能就越少。故电感的电流反映了电感的储能状态,参数 L 反映了电感的储能能力。因此,又将参数 L 称为容量。对于直流

$$W_L = \frac{1}{2}LI^2 \tag{1.4.13}$$

式中,W_L 的 SI 单位是焦[耳](J)。

1.4.4　电路元件的检测

电路元件,如电阻、电容和电感是组成电路最基本的元件,它们质量和性能的好坏直接影响电路的性能。因此,设计、生产、使用、调试、维护等工作都必须掌握这些元件的检测方法。

(1)电阻元件的检测

电阻元件的主要故障有过流烧毁、变值、断裂、引脚脱焊等。电位元件还经常发生滑动触头与电阻片接触不良等情况。

1)外观检查

对于电阻元件,通过目测可以看出其引线是否松动、折断或电阻体烧坏等外观故障;对于电位元件,应检查引出端子是否松动,接触是否良好,转动转轴时应感觉平滑,不应有过松过紧等情况。

2)阻值测量

通常可用万用表欧姆挡对电阻元件进行测量,精确测量阻值可以通过电桥进行。值得注意的是,测量时不能用双手同时捏住电阻或测试笔,否则,人体电阻会与被测电阻元件并联,影响测量精度。

电位器也可先用万用表欧姆挡测量总阻值,然后将表笔接于活动端子和引出端子,反复慢慢旋转电位器转轴,看万用表指针是否连续均匀变化,如指针平稳移动而无跳跃、抖动现象,则说明电位器正常。

(2)电容元件的检测

电容元件的主要故障有击穿、短路、漏电、容量减小、变质及破损等。

1)外观检查

观察其外表应完好无损,表面无裂口、污垢和腐蚀,标志应清晰,引出电极无折伤;可调电容器应转动灵活,动定片间无碰、擦现象,各联间转动应同步等。

2)测试漏电电阻

用万用表欧姆挡($R \times 100$ 或 $R \times 1$ k 挡),将表笔接触电容的两引线。刚搭上时,表头指针将发生摆动,然后再逐渐返回趋向无穷处,这就是电容的充放电现象(0.1 μF 以下的电容元件观察不到此现象)。指针的摆动越大,容量越大,指针稳定后所指示的值就是漏电电阻值。其值一般为几百到几千兆欧,阻值越大,电容器的绝缘性能越好。检测时,如果表头指针指到或靠近欧姆零点,说明电容元件内部短路,若指针不动,始终指向无穷处,则说明电容元件内部开路或失效。5 000 pF 以上的电容元件可用万用表电阻最高挡判别,5 000 pF 以下的小容量电容元件应另采用专门的测量仪器判别。

3)电解电容器的极性检测

电解电容器的正负极性是不允许接错的,当极性标记无法辨认时,可根据正向连接时漏电

电阻大、反向连接时漏电电阻小的特点来检测判断。交换表笔前后两次测量漏电电阻值,测出电阻值大的一次时,黑表笔接触的是正极(因为黑表笔与表内电池的正极相接)。

4)可变电容器碰片或漏电的检测

万用表拨到 $R \times 10$ 挡,两表笔分别搭在可变电容器的动片和定片上,缓慢旋动动片,若表头指针始终静止不动,则无碰片现象,也不漏电;若旋转至某一角度,表头指针指到 0 Ω,则说明此处碰片;若表头指针有一定指示或细微摆动,则说明有漏电现象。

(3)电感元件的检测

电感线圈常见故障主要是断线、短路和线匝松动。

①线圈断线可用万用电表欧姆挡进行检查,在修理时可部分或全部重绕;线圈断线时常发生在接线端子(如脱焊或受力而断线),仔细观察就能发现。

②线圈短路大多是由于受潮后线的绝缘能力下降而被击穿,由于一般线圈电阻小而用万用电表不易发现线圈短路(特别是局部短路),最好的办法是用 Q 表或电桥等仪器进行测量,看其 Q 值或电感值是否和正常值一致,在修理时可重绕或将短路处填以适当的绝缘材料。

③线圈线匝松动较轻时,可用绝缘胶水加固,较重时(有部分乱线或全部乱线)可部分或全部重绕。

思考题

1. 有人说:在电路中,当电容两端有电压时,电容中也必然有电流,因此,某一时刻申容的储能不仅与电压有关,也与电流有关,这种说法对吗?

2. 电感两端的电压为零,储能是否为零?

3. 图 1.4.6 所示无源网络 N 中只有一个元件:电感或电容。试问:(1)$i = 0$ 时,网络内储能不为零,N 中是何种元件?(2)$u = 0$ 时,网络内储能不为零,N 中是何种元件?

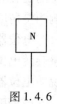

图 1.4.6

1.5 欧姆定律

1.5.1 一段无源电路的欧姆定律

一段只有电阻而不包含电源的电路,叫做无源电路,如图 1.5.1 所示。

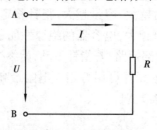

图 1.5.1 无源电路

如果在电路的 A、B 两端加有电压 U,则流过这段电路的电流 I 与两端电压 U 成正比,与这段电路中的电阻 R 成反比。这一规律称为一段无源电路的欧姆定律。在图示电压和电流正方向一致的条件下,则有

$$I = \frac{U}{R} \tag{1.5.1}$$

式中,若电压 U 的单位为 V,电阻 R 的单位为 Ω,则电流 I 的单位就是 A。

例 1.5.1　已知图 1.5.1 中 A、B 两端的电压为 12 V,电阻为 300 Ω。试求此电路的电流。

解　根据题意可知,$U = 12$ V,$R = 300$ Ω。由式(1.5.1)即可求出电流 I,

$$I = \frac{U}{R} = \frac{12}{300} = 0.04 \text{ A} = 40(\text{mA})$$

无源电路的欧姆定律也可写成:

$$U = IR \tag{1.5.2}$$

上式又说明了电阻元件在电路中的特性:当电流流过电阻时,就会沿着电流的方向出现电位下降。图 1.5.1 中,电流是从 A 点流向 B 点,也就是电位由 φ_A 下降到 φ_B,其下降的数值等于电流与电阻的乘积。这种电位的下降称为电位降,又由于它的数值等于电阻两端的电压,也叫做电压降,或简称压降。

无源电路的欧姆定律又可以写成:

$$R = \frac{U}{I} \tag{1.5.3}$$

式(1.5.3)说明,加在电阻两端的电压和流过这个电阻的电流的比值是个常数,这个常数就是电路中的电阻值。画出电流 I 随电压 U 变化的曲线(称为伏安特性曲线),则是一条通过原点的直线,如图 1.5.2(a)所示。

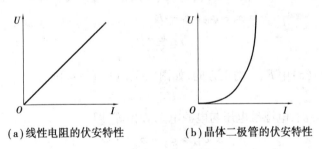

(a)线性电阻的伏安特性　　　　(b)晶体二极管的伏安特性

图 1.5.2　电阻的伏安特性曲线

阻值不随电压、电流而改变的电阻叫做线性电阻。对于一个线性电阻,由于 R 是一个常数,只要标出阻值,就足以说明其特性。而阻值随电压、电流而改变的电阻叫做非线性电阻。例如晶体二极管的电阻就是非线性电阻,它的伏安特性曲线如图 1.5.2(b)所示。

由线性电阻及其他线性元件组成的电路叫做线性电路。含有非线性元件的电路叫做非线性电路。除特别指出外,所有电阻均指线性电阻。

例 1.5.2　一个电流为 0 ~ 150 μA 的电流表,它的电阻为 1 kΩ。试求当电流表指示为 150 μA 时,电流表两端的压降。

解　电流表指示为 150 μA,说明流过的电流为 150 μA,即 150×10^{-6} A。内阻 1 kΩ = 10^3 Ω,由式(1.5.2)可得电流表两端压降为

$$U = IR = 150 \times 10^{-6} \times 1 \times 10^{3} = 0.15(\text{V}) = 150(\text{mV})$$

例 1.5.3 一个电子仪器的指示灯,工作电压为 6.3 V,电流为 0.15 A,试求此灯泡的电阻。

解 由式(1.5.3)可得灯泡的电阻为

$$R = \frac{U}{I} = \frac{6.3}{0.15} = 42(\Omega)$$

上面三例说明,在一段电阻电路上,电压、电流和电阻三个物理量中,只要知道其中的两个量,就可以求出第三个量。这在实践中经常用到。

1.5.2 一段含源支路的欧姆定律

含源支路的电路如图 1.5.3 所示。图中的 E 为电源的电动势,R 为含源支路的总电阻,U 为支路 A、B 两端的电压。在图 1.5.3(a)所示的电动势、电压、电流正方向的条件下,根据无源支路的欧姆定律,可写出

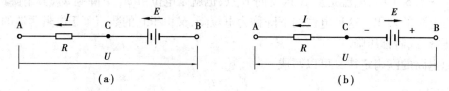

图 1.5.3 一段含源支路

$$U_{AC} = \varphi_A - \varphi_C = -IR, \quad U_{CB} = \varphi_C - \varphi_B = E$$

由图可得电路两端电压 U 为

$$U = U_{AC} + U_{CB} = (\varphi_A - \varphi_C) + (\varphi_C - \varphi_B)$$
$$= \varphi_A - \varphi_B = E - IR$$

所以

$$I = \frac{E - U}{R} \qquad (1.5.4)$$

若改变图 1.5.3(a)中 E、U 的正方向,如图 1.5.3(b)所示,则有

$$U = U_{BC} + U_{CA}$$

根据图示的正方向,电源端电压与电源电动势相等,即

$$U_{BC} = \varphi_B - \varphi_C = E$$

又因为电流与电压的正方向相同,所以有

$$U_{CA} = \varphi_C - \varphi_A = IR$$

于是得到电路端电压 U 为

$$U = U_{BC} + U_{CA} = (\varphi_B - \varphi_C) + (\varphi_C - \varphi_A)$$
$$= \varphi_B - \varphi_A = E + IR$$

所以

$$I = \frac{-E + U}{R} \qquad (1.5.5)$$

由上述两种情况可知,E、U 在式(1.5.4)及式(1.5.5)中的符号恰好相反。由此可得一段含源支路欧姆定律的一般表达式为

$$I = \frac{\pm E \pm U}{R}$$

式中，E、U 的正方向和电流的正方向一致时，E、U 取正号；相反时，取负号。若电路中含有几个电源时，式中 E 应是各电动势的代数和，而每个电动势的符号取正还是取负，与上述取法相同。

例 1.5.4　图 1.5.4 所示电路，是复杂电路的一部分。已知：$R_1 = 4\ \Omega$，$R_2 = 2\ \Omega$，$E_1 = 36\ \mathrm{V}$，$E_2 = 12\ \mathrm{V}$，$I_1 = 3\ \mathrm{A}$，$I_2 = 1\ \mathrm{A}$。试求 U_{AC}。

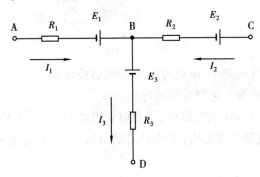

图 1.5.4　例 1.5.4 电路

解　根据含源支路欧姆定律，在图示正方向下，有

$$U_{AC} = U_{AB} + U_{BC} = I_1 R_1 - E_1 - I_2 R_2 - E_2$$
$$= 3 \times 4 - 36 - 1 \times 2 - 12$$
$$= -38\ \mathrm{V}$$

计算结果为负值，说明 C 点电位比 A 点电位高。

1.5.3　全电路欧姆定律

全电路是指含有电源和负载电阻的闭合电路，如图 1.5.5 所示。图中虚线框内表示的是一个电源 G，其中 E 是电源的电动势，R_0 是电源的内阻。这种把 R_0 单独画出的表示方法，是为了看起来方便。实际上，内阻 R_0 是在电源内部，与电动势是分不开的。线框外的电阻 R 是电源的负载电阻。由于它在电源之外，又称外电阻。

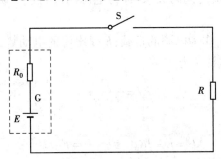

图 1.5.5　全电路

图 1.5.5 的电路可以看成由两部分电路组成：虚线框内的 G、R_0 是一段含源支路，R 是一段无源支路。当开关 S 闭合后，电阻 R 两端有了电压 U，所以就有电流 I 流过：

$$I = \frac{U}{R} \quad 或 \quad U = IR \tag{1.5.6}$$

电压 U 是由电源的电动势 E 产生的,由含源支路的电压方程可知:

$$U = E - IR_0 \tag{1.5.7}$$

式中的 IR_0 是电源内阻 R_0 上的电压降,称为内阻压降,常用"U_0"表示,即

$$U_0 = IR_0 \tag{1.5.8}$$

由电路可以看出,U 既是电源的端电压,又是电阻两端的电压,因此

$$IR = E - IR_0$$

则

$$I = \frac{E}{R + R_0} \tag{1.5.9}$$

上式表明:在一个闭合电路中,电流与电源的电动势成正比,与电路中的内阻和外电路电阻之和成反比,这个规律称为全电路的欧姆定律。

例 1.5.5 在图 1.5.5 所示的电路中,已知电源电动势 E 为 24 V,内阻 R_0 为 4 Ω,负载电阻 R 为 20 Ω。试求:①电路中的电流;②电源的端电压;③负载电阻上的电压;④电源内阻上的电压降。

解 根据题意可知,$E = 24$ V,$R_0 = 4$ Ω,$R = 20$ Ω。

①电路中的电流 I 为

$$I = \frac{E}{R + R_0} = \frac{24}{20 + 4} = 1(\text{A})$$

②电源的端电压 U 为

$$U = E - IR_0 = 24 - 1 \times 4 = 20(\text{V})$$

③负载电阻 R 上的电压 U 为

$$U = IR = 1 \times 20 = 20(\text{V})$$

④电源内阻 R_0 上的压降 U_0 为

$$U_0 = IR_0 = 1 \times 4 = 4(\text{V})$$

1.5.4 电源的外特性

电源的端电压与负载电流之间的关系,称为电源的外特性。研究电源外特性的电路如图 1.5.6 所示。

图中的 R 是可变电阻器,作为电源的负载;E 是电源的电动势;R_0 为电源的内阻。根据全电路欧姆定律可知,电路的电流 I 为

$$I = \frac{E}{R + R_0}$$

电源的端电压 U 为

$$U = E - IR_0 \quad \text{或} \quad U = E - U_0$$

式中 U_0 为内阻上的压降 IR_0。当负载电阻 R 的阻值调小时,则负载电流 I 增大,这种情况称为负载增大。此时,电源内阻的压降增大,端电压 U 下降。把端电压 U 随负载电流变化的情形绘成曲线,称为电源的外特性曲线,如图 1.5.7 所示。理想的电源外特性曲线是不随负载电流发生变化的,如图 1.5.7 中的水平直线所示。

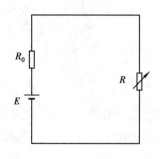

图 1.5.6　研究电源外特性的电路

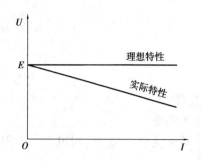

图 1.5.7　电源的外特性曲线

思考题

1. 怎样理解含源支路的欧姆定律?
2. 什么是全电路欧姆定律?
3. 什么是电源的外特性?

本章小结

1. 电路是由电源、用电器和中间环节组成的闭合回路。电路的作用是实现电能的传输和转换。

2. 电荷的定向移动形成电流。电路中有持续电流的条件是:

①电路为闭合通路(回路)。

②电路两端存在电压,电源的作用是为电路提供持续的电压。

3. 电流的大小等于通过导体横截面的电荷量与通过这些电荷量所用时间的比值,即 $I = \dfrac{Q}{T}$。

4. 电阻是表示元件对电流呈现阻碍作用大小的物理量。在一定温度下,导体的电阻和它的长度成正比而和它的横截面面积成反比,即

$$R = \rho \frac{L}{S}$$

式中,ρ 是一个反映材料导电性能的物理量,称为电阻率。此外,导体的电阻还与温度有关。

5. 电流通过用电器时,将电能转化为其他形式的能。

转换电能的计算:$A = UIT$。

电功率的计算:$P = UI$。

电热的计算:$Q = I^2 Rt$。

<h1 style="text-align:center">习　题</h1>

一、填空题

1. 电路主要由_____、_____、_____三个基本部分组成。

2. 导体对电流的_____叫电阻。电阻大,说明导体导电能力_____;电阻小,说明导体导电能力_____。

3. 有两根同种材料的电阻丝,长度之比为1∶5,横截面积之比为2∶3,则它们的电阻之比为_____。将它们串联时,它们的电压之比为_____,电流之比为_____;并联时,它们的电压之比为_____,电流之比为_____。

4. 习题图 1.1 所示电路中,$U =$ _____ V。

5. 习题图 1.2 所示电路中,$I =$ _____ A。

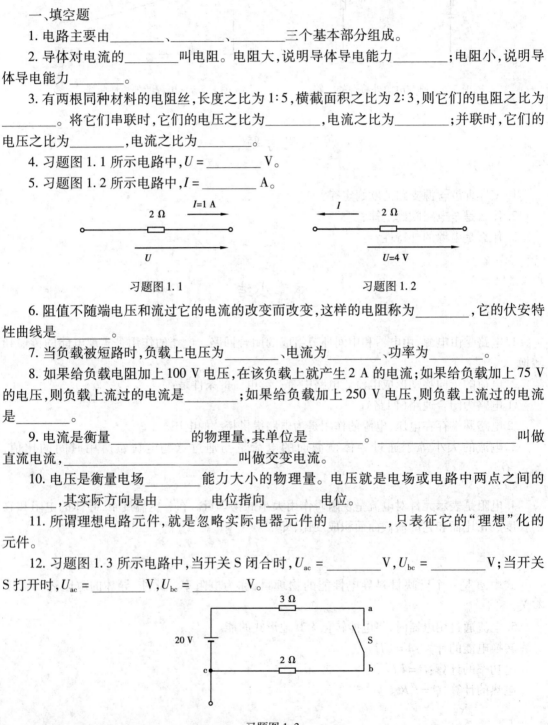

习题图 1.1　　　　　　　　　　　　　　习题图 1.2

6. 阻值不随端电压和流过它的电流的改变而改变,这样的电阻称为_____,它的伏安特性曲线是_____。

7. 当负载被短路时,负载上电压为_____、电流为_____、功率为_____。

8. 如果给负载电阻加上 100 V 电压,在该负载上就产生 2 A 的电流;如果给负载加上 75 V 的电压,则负载上流过的电流是_____;如果给负载加上 250 V 电压,则负载上流过的电流是_____。

9. 电流是衡量_____的物理量,其单位是_____。_____叫做直流电流,_____叫做交变电流。

10. 电压是衡量电场_____能力大小的物理量。电压就是电场或电路中两点之间的_____,其实际方向是由_____电位指向_____电位。

11. 所谓理想电路元件,就是忽略实际电器元件的_____,只表征它的"理想"化的元件。

12. 习题图 1.3 所示电路中,当开关 S 闭合时,$U_{ac} =$ _____ V,$U_{bc} =$ _____ V;当开关 S 打开时,$U_{ac} =$ _____ V,$U_{bc} =$ _____ V。

习题图 1.3

13. 习题图1.4所示含电源支路中,$I_1 = $ _____ A,$I_2 = $ _____ A。

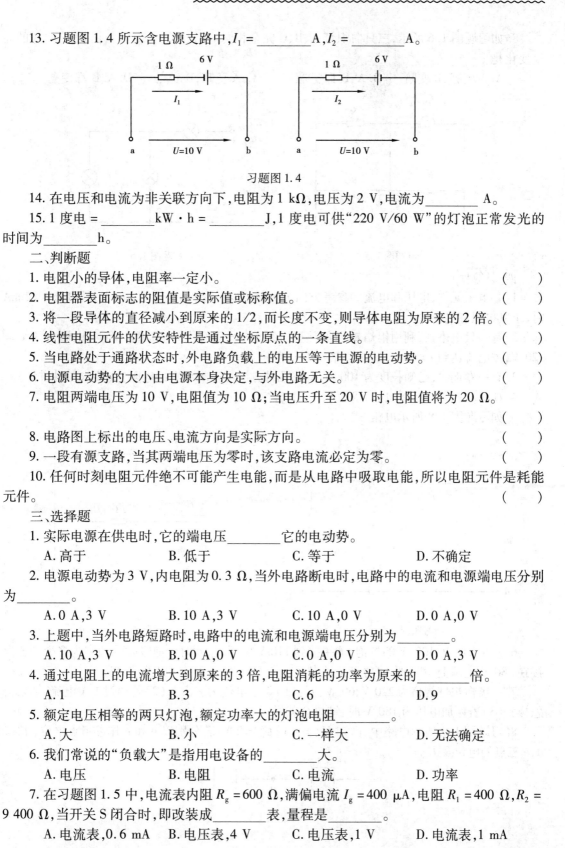

习题图1.4

14. 在电压和电流为非关联方向下,电阻为1 kΩ,电压为2 V,电流为 _____ A。

15. 1度电 = _____ kW·h = _____ J,1度电可供"220 V/60 W"的灯泡正常发光的时间为 _____ h。

二、判断题

1. 电阻小的导体,电阻率一定小。　　　　　　　　　　　　　　　　　　　　(　　)

2. 电阻器表面标志的阻值是实际值或标称值。　　　　　　　　　　　　　　(　　)

3. 将一段导体的直径减小到原来的1/2,而长度不变,则导体电阻为原来的2倍。(　　)

4. 线性电阻元件的伏安特性是通过坐标原点的一条直线。　　　　　　　　　(　　)

5. 当电路处于通路状态时,外电路负载上的电压等于电源的电动势。　　　　(　　)

6. 电源电动势的大小由电源本身决定,与外电路无关。　　　　　　　　　　(　　)

7. 电阻两端电压为10 V,电阻值为10 Ω;当电压升至20 V时,电阻值将为20 Ω。

(　　)

8. 电路图上标出的电压、电流方向是实际方向。　　　　　　　　　　　　　(　　)

9. 一段有源支路,当其两端电压为零时,该支路电流必定为零。　　　　　　(　　)

10. 任何时刻电阻元件绝不可能产生电能,而是从电路中吸取电能,所以电阻元件是耗能元件。　　　　　　　　　　　　　　　　　　　　　　　　　　　　　　　(　　)

三、选择题

1. 实际电源在供电时,它的端电压 _____ 它的电动势。

　　A. 高于　　　　　　　B. 低于　　　　　　　C. 等于　　　　　　　D. 不确定

2. 电源电动势为3 V,内电阻为0.3 Ω,当外电路断电时,电路中的电流和电源端电压分别为 _____ 。

　　A. 0 A,3 V　　　　　　B. 10 A,3 V　　　　　　C. 10 A,0 V　　　　　　D. 0 A,0 V

3. 上题中,当外电路短路时,电路中的电流和电源端电压分别为 _____ 。

　　A. 10 A,3 V　　　　　　B. 10 A,0 V　　　　　　C. 0 A,0 V　　　　　　D. 0 A,3 V

4. 通过电阻上的电流增大到原来的3倍,电阻消耗的功率为原来的 _____ 倍。

　　A. 1　　　　　　　　　B. 3　　　　　　　　　C. 6　　　　　　　　　D. 9

5. 额定电压相等的两只灯泡,额定功率大的灯泡电阻 _____ 。

　　A. 大　　　　　　　　　B. 小　　　　　　　　　C. 一样大　　　　　　　D. 无法确定

6. 我们常说的"负载大"是指用电设备的 _____ 大。

　　A. 电压　　　　　　　　B. 电阻　　　　　　　　C. 电流　　　　　　　　D. 功率

7. 在习题图1.5中,电流表内阻 $R_g = 600$ Ω,满偏电流 $I_g = 400$ μA,电阻 $R_1 = 400$ Ω,$R_2 = 9\,400$ Ω,当开关S闭合时,即改装成 _____ 表,量程是 _____ 。

　　A. 电流表,0.6 mA　B. 电压表,4 V　　　　C. 电压表,1 V　　　　D. 电流表,1 mA

8. 如习题图 1.6 所示,三只白炽灯 A、B、C 完全相同。当开关 S 闭合时,白炽灯 A、B 的亮度变化是_____。

  A. A 变亮,B 变暗 B. A、B 都变暗 C. A 变暗,B 变亮 D. A、B 都变亮

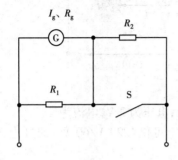
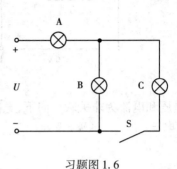

习题图 1.5   习题图 1.6

四、计算题

1. 一电阻元件,电压和电流的参考方向为关联方向,当外加电压 $U = 10$ V,其电流 $I = 2$ mA 时,求其电阻和电导。

2. 有一只电烙铁,利用铝烙铁做加热丝,该加热丝截面积 $S = 0.002$ mm^2,电源电压 $U = 220$ V,需电流达到 $I = 0.34$ A,求铝烙铁的长度。

3. 有一卷铜线,已知长度为 100 m,有哪几种方法可以求出它的电阻?(要求三种方法)

4. 如习题图 1.7 所示电路,求 U_{ad},U_{bc},U_{ac}。

5. 如习题图 1.8 所示电路,求 I,U_{ab}。

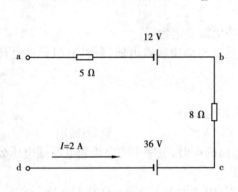
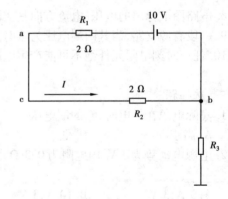

习题图 1.7   习题图 1.8

6. 一个 220 V,100 W 的灯泡,如果接到 110 V 电源上,此时灯泡吸收的功率为多少?若误接在 380 V 电源上,其吸收的功率又是多少?是否安全?(灯泡中电阻不变)

7. 一盏白炽灯规格为 220 V,60 W,问:(1)额定电流为多大?(2)若通过 1 A 电流,结果会怎样?(3)若所加电压为 180 V 时,结果会怎样?

8. 习题图 1.9 所示电路中,已知 $U_{ce} = 3$ V,$U_{cd} = 2$ V,若分别以 e 和 c 作参考点电位,求 c,d,e 三点的电位及 U_{ed}。

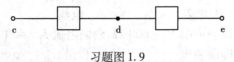

习题图 1.9

第**2**章
直流电路的基本分析和计算

直流电路在生产实际中有着广泛的应用。本章学习的直流电路是在上一章电路基本知识的基础上展开的,着重介绍简单直流电路的基本分析方法及计算。这些计算都是建立在许多重要概念的基础上的,所以,必须要在理解基本概念的基础上来进行电路和分析计算。本章主要研究简单直流电路的连接、电路基本特点及必要的计算。

2.1 电阻的连接

2.1.1 电阻串联电路

把几个电阻依次连接起来,组成中间无分支的电路,叫作电阻串联电路。图 2.1.1(a)所示为三个电阻组成的串联电路。

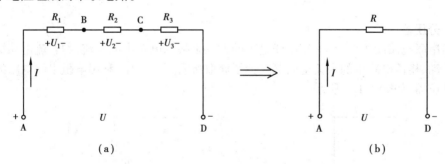

图 2.1.1 电阻串联电路

(1)电阻串联电路的特点

1)串联电路中电流处处相等

当电阻串联电路接通电源后,整个闭合电路中都有电流通过。由于电阻串联电路中没有分支,电荷也不可能积累在电路中任何一个地方,所以在任何相等的时间内,通过电路任一横截面的电荷数必然相同,即串联电路中电流处处相等。当 n 个电阻串联时,则

$$I_1 = I_2 = I_3 = \cdots = I_n \tag{2.1.1}$$

23

2）电路两端的总电压等于串联电路中各电阻上分电压之和

在图 2.1.1（a）所示电路中，由电压与电位的关系可得

$$U_1 = U_{AB} = \varphi_A - \varphi_B, \quad U_2 = U_{BC} = \varphi_B - \varphi_C, \quad U_3 = U_{CD} = \varphi_C - \varphi_D$$

上面三式相加得

$$U_1 + U_2 + U_3 = \varphi_A - \varphi_B + \varphi_B - \varphi_C + \varphi_C - \varphi_D = \varphi_A - \varphi_D = U_{AD}$$

即
$$U = U_1 + U_2 + U_3$$

也可以用电压表测总电压及各电阻两端电压，对上式进行验证。当 n 个电阻串联时，则

$$U = U_1 + U_2 + U_3 + \cdots + U_n \tag{2.1.2}$$

3）电路的总电阻等于各串联电阻之和

在图 2.1.1 所示电路中，由欧姆定律可知

$$U = RI, \quad U_1 = R_1 I, \quad U_2 = R_2 I, \quad U_3 = R_3 I$$

又由于串联电路中

$$U = U_1 + U_2 + U_3 = (R_1 + R_2 + R_3)I = RI$$

所以
$$R = R_1 + R_2 + R_3$$

R 叫作 R_1、R_2、R_3 串联的等效电阻，其意义是用电阻 R 代替 R_1、R_2、R_3 后，不影响电路的电流和电压。在图 2.1.1 中，图（b）是图（a）的等效电路。

当 n 个电阻串联时，则

$$R = R_1 + R_2 + R_3 + \cdots + R_n \tag{2.1.3}$$

当 n 个相同的电阻 R_0 串联时，则

$$R = nR_0$$

4）串联电路中的电压分配和功率分配关系

由于串联电路中的电流处处相等，所以

$$I = \frac{U_1}{R_1} = \frac{U_2}{R_2} = \frac{U_3}{R_3} = \frac{U}{R}, \quad I^2 = \frac{P_1}{R_1} = \frac{P_2}{R_2} = \frac{P_3}{R_3} = \frac{P}{R}$$

上述两式表明，串联电路中各个电阻两端的电压和所消耗的功率与各个电阻的阻值成正比。

（2）分压器

电阻串联电路应用广泛，常用串联电阻的方法来限制电路中的电流，如直流电动机串联电阻降压启动、稳压电路中的限流电阻等。为了获取所需要的电压，利用电阻串联电路的分压原理制成分压器，如图 2.1.2 所示。

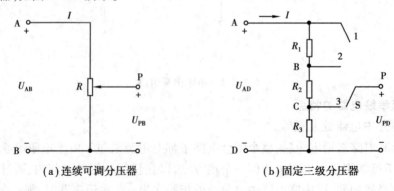

图 2.1.2　分压器

图 2.1.2(a)为连续可调分压器,若 P 点将 R 分为 R_1、R_2(上为 R_1,下为 R_2)两部分,则 $U_{PB} = R_2 I$,根据欧姆定律,$I = \dfrac{U_{AB}}{R_1 + R_2}$,$U_{PB} = \dfrac{U_{AB}}{R_1 + R_2} R_2 = \dfrac{R_2}{R} U$。由于触点 P 可在 R 上上下移动,所以 U_{PB} 在 $0 \sim U_{AB}$ 范围内连续可调。

图 2.1.2(b)为固定三级分压器。电路中电流 $I = \dfrac{U_{AD}}{R_1 + R_2 + R_3}$,若开关 S 接在 1 处,$U_{PD} = U_{AD}$;若开关 S 接在 2 处,由分压公式得 $U_{PD} = \dfrac{R_2 + R_3}{R_1 + R_2 + R_3} U_{AD}$;若开关 S 接在 3 处,则 $U_{PD} = \dfrac{R_3}{R_1 + R_2 + R_3} U_{AD}$。开关 S 接在不同的位置,得到三个不同数值的输出电压。利用固定分压器的原理,可以制成多量程电压表;也可用串联电阻的方法,扩大电压表量程。

例 2.1.1　在图 2.1.2(b)所示的分压器电路中,若已知 A、D 两端的电压为 50 V,$R_1 = 14$ kΩ,$R_2 = 4$ kΩ,$R_3 = 2$ kΩ,试求开关 S 在 1、2、3 位置时的 U_{PD}。

解　根据题意可知,$U_{AD} = 50$ V,$R_1 = 14$ kΩ,$R_2 = 4$ kΩ,$R_3 = 2$ kΩ。

开关 S 在 1 位置时:

$$U_{PD} = U_{AD} = 50 \text{ V}$$

开关 S 在 2 位置时:

$$U_{PD} = \frac{R_2 + R_3}{R_1 + R_2 + R_3} U_{AD} = \frac{4 + 2}{14 + 4 + 2} \times 50 = 15 \text{ (V)}$$

开关 S 在 3 位置时:

$$U_{PD} = \frac{R_3}{R_1 + R_2 + R_3} U = \frac{2}{14 + 4 + 2} \times 50 = 5 \text{ (V)}$$

可见,S 在不同的位置时,U_{PD} 的值不同。

2.1.2　电阻并联电路

把两个或两个以上电阻接到电路中两点之间,电阻两端承受同一个电压的电路,叫作电阻并联电路,如图 2.1.3 所示。其中,(a)图是三个电阻组成的并联电路,(b)图是其等效电路。

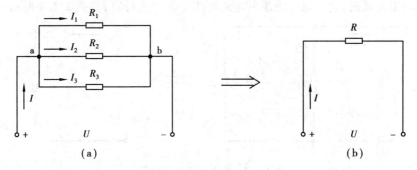

图 2.1.3　电阻并联电路

(1)电阻并联电路的特点

1)电路中各个电阻两端的电压相同

由于并联电路中的各个电阻都接在 a、b 两点间,如图 2.1.3(a)所示,所以每个电阻两端

25

的电压就是 a、b 两点的电位差,即 $U_1 = U_2 = U_3 = \varphi_a - \varphi_b$,因此各并联电阻两端的电压相同。

若有 n 个电阻并联,则

$$U_1 = U_2 = U_3 = \cdots = U_n \tag{2.1.4}$$

2)电阻并联电路总电流等于各支路电流之和

由于做定向运动的电荷不会停留在电路中任何一个地方,所以流入 a 点的电流,始终等于从 b 点流出的电流,即 $I = I_1 + I_2 + I_3$,如图 2.1.3(a)所示。

当有 n 个电阻并联时,则

$$I = I_1 + I_2 + I_3 + \cdots + I_n \tag{2.1.5}$$

3)并联电路总电阻的倒数等于各并联电阻的倒数的和

在如图 2.1.3 所示的电路中,由欧姆定律

$$I = \frac{U}{R}, \quad I_1 = \frac{U_1}{R_1}, \quad I_2 = \frac{U_2}{R_2}, \quad I_3 = \frac{U_3}{R_3}$$

因为
$$U = U_1 = U_2 = U_3, \quad I = I_1 + I_2 + I_3$$

所以
$$\frac{U}{R} = \frac{U}{R_1} + \frac{U}{R_2} + \frac{U}{R_3}$$

则
$$\frac{1}{R} = \frac{1}{R_1} + \frac{1}{R_2} + \frac{1}{R_3}$$

当有 n 个电阻并联时,则

$$\frac{1}{R} = \frac{1}{R_1} + \frac{1}{R_2} + \frac{1}{R_3} + \cdots + \frac{1}{R_n} \tag{2.1.6}$$

若有 n 个相同的电阻 R_0 并联,则总电阻

$$R = \frac{R_0}{n}$$

4)电阻并联电路的电流分配和功率分配关系

在电阻并联电路中,由于各电阻两端电压相同,所以

$$U = R_1 I_1 = R_2 I_2 = R_3 I_3, \quad U^2 = R_1 P_1 = R_2 P_2 = R_3 P_3$$

上式表明,并联电路中各支路电流和电阻消耗的功率都与电阻成反比。

当两个电阻并联时,通过每个电阻的电流可用分流公式计算,如图 2.1.4 所示。

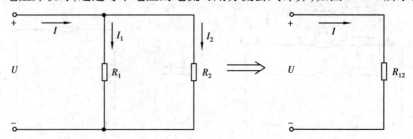

图 2.1.4 两个电阻并联电路

$$\frac{1}{R_{12}} = \frac{1}{R_1} + \frac{1}{R_2} = \frac{R_1 + R_2}{R_1 R_2}$$

等效电阻
$$R_{12} = \frac{R_1 R_2}{R_1 + R_2}$$

可见两个电阻并联时的等效电阻等于两个电阻之积比这两个电阻之和,常称为"积比和"公式。由此可得分流公式

$$I_1 = \frac{U}{R_1} = \frac{\dfrac{R_1 R_2}{R_1 + R_2}I}{R_1} = \frac{R_2}{R_1 + R_2}I$$

同理

$$I_2 = \frac{R_1}{R_1 + R_2}I$$

上式说明,在电阻并联电路中,电阻小的支路通过的电流大,电阻大的支路通过的电流小。

由于 $$P = UI = U(I_1 + I_2) = UI_1 + UI_2$$

所以 $$P = P_1 + P_2$$

上式说明,电路的总功率等于消耗在各并联电阻上的功率之和。

(2) 电阻并联电路的应用

电阻并联电路在实际生活中的应用极其广泛。照明电路中的用电器通常都是并联供电的。用电器的额定电压是 220 V,供电电压也是 220 V,只有将用电器并联到供电线路上,才能保证用电器在额定电压下正常工作。此外,只有将用电器并联使用,才能在断开或闭合某个用电器时不影响其他用电器的正常工作。

利用并联电阻的分流原理,可以制成多量程的电流表。

例 2.1.2 如图 2.1.5 所示,有一个表头,满度电流 $I_g = 100\ \mu A$,内阻 $R_g = 1\ k\Omega$。若要将其改装为量程 1 A 的电流表,需要并联多大的分流电阻?

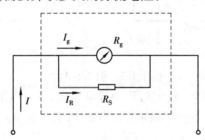

图 2.1.5 例 2.1.2 图

解 根据并联电路特点可知
$$I_R = I - I_g = 1 - 100 \times 10^{-6} = 0.999\ 9\ (A)$$

可求得分流电阻大小为

$$R_S = \frac{U_R}{I_R} = \frac{I_g R_g}{I_g} = \frac{10^{-4} \times 10^3}{0.999\ 9} \approx 0.1\ (\Omega)$$

2.1.3 电阻混联电路

既有电阻串联又有电阻并联的电路叫电阻混联电路。混联电路在实际工作和生活中有着广泛的应用,图 2.1.6 所示的电路就是混联电路。

解混联电路的关键是将串、并联电路关系不易看清的电路加以改画(使所画电路的串、并联关系清晰),按电阻串、并联关系,逐一将电路化简。搞清电路结构是解题的基础,下面具体介绍求解混联电路的等电位分析法。

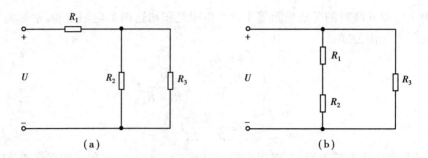

图 2.1.6　电阻的混联电路

①确定等电位点、标出相应的符号。导线的电阻和理想电流表的电阻可忽略不计,可以认为导线和电流表连接的两点是等电位点。对等电位点标出相应的符号。

②画出串、并联关系清晰的等效电路图。由等电位点先确定电阻的连接关系,再画电阻电路图。先画电阻最少的支路,再画电阻次少的支路,从电路的一端画到另一端。

③求解。根据欧姆定律,以及电阻串、并联的特点和电功率计算公式列出方程求解。

例 2.1.3　在图 2.1.7(a)所示电路中,$U_{AB} = 6$ V,$R_1 = 1$ Ω,$R_2 = 2$ Ω,$R_3 = 3$ Ω。当 S_1、S_2 都闭合时,求 $I_总$、$R_总$。若将 S_1、S_2 改为电流表 A_1、A_2,求 A_1、A_2 的读数。

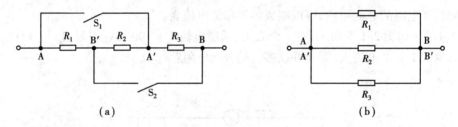

图 2.1.7　例 2.1.3 图

解　当 S_1、S_2 都闭合时,A' 与 A,B' 与 B 为等电位点,三个电阻都接在 A(A')、B(B') 之间,所以三个电阻并联,其简化等效电路如图 2.1.7(b)所示。根据欧姆定律可得

$$I_1 = \frac{U_1}{R_1} = \frac{6}{1} = 6(A), \quad I_2 = \frac{U_2}{R_2} = \frac{6}{2} = 3(A), \quad I_3 = \frac{U_3}{R_3} = \frac{6}{3} = 2(A)$$

由电阻并联电路的特点,可以求出总电流为

$$I_总 = I_1 + I_2 + I_3 = 6 + 3 + 2 = 11(A)$$

电路总电阻为

$$R_总 = \frac{U}{I_总} = \frac{6}{11} \approx 0.55(\Omega)$$

若将 S_1、S_2 改为电流表 A_1、A_2,由于电流表电阻可忽略,A' 与 A,B' 与 B 仍为等电位点,电阻连接方式不变,R_1、R_2、R_3 还是并联。电流由 A 点经电流表 A_1 到 A' 点,再经 R_2、R_3,到 B'、B 点,因此电流表 A_1 测的是 R_2 与 R_3 上的电流和,同样可以分析出电流表 A_2 测的是 R_1、R_2 上的电流和,即

电流表 A_1 的示数

$$I_{A1} = I_2 + I_3 = 3 + 2 = 5(A)$$

电流表 A_2 的示数

$$I_{A2} = I_1 + I_2 = 6 + 3 = 9(A)$$

例 2.1.4 在图 2.1.8(a)所示电路中,$R_1 = R_2 = R_3 = R_4 = R$,试分别求 S 断开和 S 闭合时 AB 间等效电阻 R_{AB} 和 R'_{AB}。

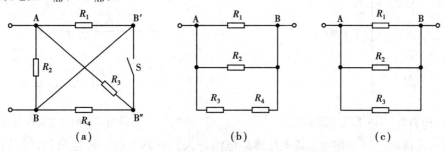

图 2.1.8 例 2.1.4 图

解 ①由于 S 断开时,B′ 与 B 为等电位点,由 A 到 B 可通过 R_2,也可通过 R_1,还可通过 R_3 与 R_4,因此可画出其简化等效电路,如图 2.1.8(b)所示,R_3 与 R_4 串联再与 R_1、R_2 并联。又因

$$R_{34} = R_3 + R_4 = 2R$$

由并联电路的电阻公式可得

$$\frac{1}{R_{AB}} = \frac{1}{R_1} + \frac{1}{R_2} + \frac{1}{R_{34}} = \frac{2}{R} + \frac{1}{2R}$$

所以

$$R_{AB} = \frac{2}{5}R$$

②由于 S 闭合时,B″、B′ 与 B 为等电位点,R_4 接在 B、B″ 间被短接,R_1、R_2、R_3 并联,因此可画出其简化等效电路,如图 2.1.8(c)所示。所以有

$$R'_{AB} = \frac{R}{3}$$

思考题

1. 电阻的串联电路具有哪些特点?
2. 电阻的并联电路具有哪些特点?
3. 分压器的原理是什么?

2.2 电压源与电流源及其等效变换

2.2.1 电源及其伏安关系

(1)理想电压源

理想电压源是从实际电压源抽象出来的理想二端元件,其电压总保持定值或一定的时间函数,与通过它的电流无关。理想电压源简称电压源,图形符号如图 2.2.1 所示。

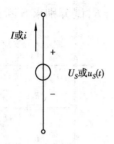

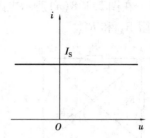

图 2.2.1　电压源的图形符号　　　　图 2.2.2　直流电压源的伏安特性曲线

　　电压为定值的电压源称为直流电压源。电池是人们很熟悉的一种电源,它可以对外提供一定值的电能,并体现为一定值的电动势。在理想状况下,电池内部没有能量损耗(即电池阻为零),其端电压为定值,恰好等于电池的电动势。这种电池就是一个直流电压源。直流压源的伏安特性曲线如图 2.2.2 所示。电压源并非都是直流电源(如交流发电机),其电压虽为时间的函数,但是它的内阻很小,若将其理想化,忽略内阻上的能量损耗,则电压不受负载电流的影响,总保持为给定的时间函数,此时交流发电机就是一个交流电压源。

　　电压源具有两个基本性质:①端电压为定值 U_S 或一定的时间函数 $u_s(t)$,与流过的电流无关;②端电压由其自身决定,而流过的电流可以是任意的,即流过的电流不由电压源自身决定,而由电压源电压和与电压源相连接的外电路共同决定。

　　电压源的伏安关系为

$$U = U_S(I\text{ 为任意值})\text{或} u = u_s(i\text{ 为任意值}) \tag{2.2.1}$$

（2）理想电流源

　　电流源是一种能产生电流的装置。理想电流源是从实际电流源抽象出来的理想二端元件,流过它的电流总保持定值或一定的时间函数,与其端电压无关。理想电流源简称电流源,图形符号如图 2.2.3 所示。

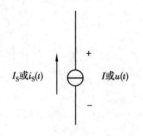

图 2.2.3　电流源的图形符号　　　　图 2.2.4　直流电流源的伏安特性曲线

　　在实际应用中,某些电源可以近似具有这种性质。例如,在一定条件下,光电池在一定的光线照射时就会被激发产生一定值的电流,该电流与照度成正比,而与其端电压无关。

　　电流源具有两个基本性质:①流过它的电流为定值 I_S 或一定的时间函数 $i_s(t)$,与端电压无关;②电流由其自身决定,而端电压可以是任意的,即端电压不由电流源自身决定,而由电流源电流和与之相连接的外电路共同决定。

　　电流源的伏安关系为

$$I = I_S(U\text{ 为任意值})\text{或} i = i_s(u\text{ 为任意值}) \tag{2.2.2}$$

　　电流恒定不变的电流源称为直流电流源。直流电流源的伏安特性曲线如图 2.2.4 所示。

2.2.2　实际电源的两种模型

理想电源实际上是不存在的,因为一个实际电源总是存在内阻,在工作时其内部损耗不可能为零。下面以直流电源为例来讨论实际电源的两种模型。

(1) 实际电源的电压源模型

当实际电源的内电阻不能忽略时,便可采用实际电压源模型或实际电流源模型来反映实际电源对外的表现,其特性可以用输出端上电压电流关系来描述。图 2.2.5(a) 所示的电路是测定实际电源伏安关系的实验电路,图 2.2.5(b) 是实际电源的伏安特性曲线。

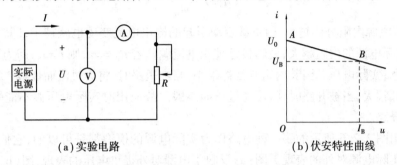

(a)实验电路　　　　　　　　　　(b)伏安特性曲线

图 2.2.5　实际电源的伏安特性

图中 U_0 称为开路电压,是实际电源输出电流为零(即实际电源开路)时的输出电压。图中直线可表为

$$U = U_0 - R_0 I \tag{2.2.3}$$

其中 R_0 是实际电源的内电阻,可以由实验数据(U_0、U_B、I_B,)求得

$$R_0 = \frac{U_0 - U_B}{I_B}$$

因此,可以用一个电动势为 $E = U_0$ 的理想电压源与电阻串联的电路作为实际电源的电路模型,称为电压源模型,如图 2.2.6(a) 所示,E 与 R_0 为其参数。此时,电源的伏安特性方程为

$$U = E - R_0 I \tag{2.2.4}$$

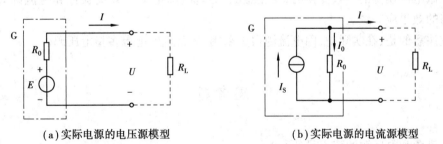

(a)实际电源的电压源模型　　　　　　　(b)实际电源的电流源模型

图 2.2.6　实际电源模型

R_0 越小,电源内阻上的压降越小,因负载变动引起的输出电压变动也就越小,即输出电压越稳定。所以,实际电源的内阻越小,就越接近理想电压源。若 $R_0 = 0$,则 $U = E$,即为理想电压源。

(2) 实际电源的电流源模型

图 2.2.5(b) 所示伏安特性曲线也可表示为

$$I = \frac{U_0 - U}{R_0} = \frac{E}{R_0} - \frac{U}{R_0} = I_s - \frac{U}{R_0} \tag{2.2.5}$$

其中 $I_s = \dfrac{U_0}{R_0} = \dfrac{E}{R_0}$ 称为短路电流,是电源两端的导线因某种事故连在一起(即短路)时的输出电流。因此,可以用一个电流为 I_s 的理想电流源与电阻 R_0 并联的电路作为实际电流源的电路模型,称为电流源模型,如图 2.2.6(b)所示,I_s 与 R_0 为其参数。此时,电源的伏安特性方程为

$$I = I_s - \frac{U}{R_0} \tag{2.2.6}$$

R_0 越大,电源内阻分流越小,因负载变动引起的输出电流变动也就越小,即输出电流 I 稳定。所以,实际电源的内阻越大,就越接近理想电流源。若 $R_0 = \infty$,则 $I = I_s$,即为理想电流源。

应当注意,实际电压源因其内阻通常都很小,当被短路时,将会过流而烧毁;实际电流源因其内阻通常都很大,当被开路时,将可能过压而烧毁。故应用时实际电压源不能短路,而实际电流源不能开路。

无论采用图 2.2.6 所示的哪一种电路作为实际电源的模型都是可以的,它们各自从不同的角度反映实际电源对外的表现。图(a)反映了电源对外提供电压的表现,图(b)反映了电源对外提供电流的表现。

两种模型相互之间可以进行等效变换。如已知电压源模型的参数 E 与 R_0,则与之等效的电流源模型的参数为 $I_s = \dfrac{E}{R_0}$ 与 R_0;若已知电流源模型的参数 I_s 与 R_0,则与之等效的电压源模型的参数为 $E = R_0 I_s$ 与 R_0。

在等效变换时应当注意:

①两个二端网络等效是指它们端口的伏安关系完全相同。因此,理想电压源和理想电流源不等效。

②等效只是对外电路而言,对电源内部并不等效。

③在做电源模型的等效变换时,要注意电源的极性,电动势 E 的极性和电流源 I_s 的方向对外电路的效果应一致。

还应注意的是,在实际中,因电流源很少采用,故常说的电源多指电压源。

思考题

1. 电流源和电压源的特点是什么?
2. 电流源和电压源等效变换的条件是什么?

2.3 基尔霍夫定律

对电路中的某一个元件来说,元件上的端电压和电流关系服从欧姆定律,而对整个电路来

说,电路中的各个电流和电压要服从基尔霍夫定律。基尔霍夫定律包括电流定律(KCL)和电压定律(KVL),是电路理论中最基本的定律之一,不仅适用于求解复杂电路,也适用于求解简单电路。

为了叙述方便,先就如图2.3.1所示的电路,介绍几个名词:支路、节点、回路和网孔。

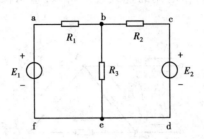

图2.3.1　电路图

(1)支路

电路中流过同一电流的一个分支称为一条支路。在如图2.3.1所示电路中,fab、be和bcd都是支路,其中支路fab、bcd各有两个电路元件。支路fab、bcd中有电源,称为含源支路;支路be中没有电源,则称为无源支路。

(2)节点

一般地说,支路的连接点称为节点。但是,如果以电路的每个分支作为支路,则三条和三条以上支路的连接点才称为节点。这样,图2.3.1的电路只有两个节点,即节点b和节点e。

(3)回路

由若干支路组成的闭合路径,其中每个节点只经过一次,这条闭合路径称为回路。如图2.3.1中的abef、bcde和abcdef都是回路,这个电路共有三个回路。

(4)网孔

网孔是回路的一种。将电路画在平面上,在回路内部不另含有支路的回路称为网孔。如图2.3.1中的abef、bcde是网孔,abcdef回路内部含有支路eb不是网孔,所以这个电路共有两个网孔。

2.3.1　基尔霍夫电流定律(KCL)

在电路中,任一瞬间,流入任一节点的所有支路电流的代数和恒等于零,这就是基尔霍夫电流定律,简称KCL。

其数学表达式为

$$\sum I = 0 \qquad\qquad (2.3.1)$$

式中,流出节点的电流前面取"+"号,流入节点的电流前面取"−"号。KCL通常用于节点,但对包围几个节点的闭合面也是适用的,如图2.3.2所示的电路中,闭合面S内有三个节点A、B、C。在这些节点处,分别有(电流的方向都是参考方向)

$$I_1 = I_{AB} - I_{CA}, \quad I_2 = I_{BC} - I_{AB}, \quad I_3 = I_{CA} - I_{BC}$$

将上面三个式子相加,便得

$$I_1 + I_2 + I_3 = 0$$

33

即

$$\sum I = 0$$

可见,在任一瞬间,通过任一闭合面的电流的代数和总是等于零,或者说,流出闭合面的电流等于流入该闭合面的电流,这叫作电流的连续性。所以,基尔霍夫电流定律是电流连续性的体现。

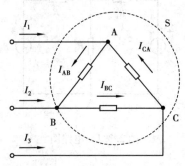

图 2.3.2　电路图

2.3.2　基尔霍夫电压定律(KVL)

基尔霍夫电流定律是对电路中任意节点而言的,而基尔霍夫电压定律是对电路中任意回路而言的。在电路中任意瞬间,沿任意回路内所有支路或元件电压的代数和恒等于零,这就是基尔霍夫电压定律,简称 KVL,即

$$\sum U = 0 \qquad\qquad (2.3.2)$$

基尔霍夫电压定律是用来确定回路中各部分电压之间的关系的。在写上式时,首先需要指定一个绕行回路的方向。凡电压的参考方向与回路绕行方向一致者,在式中该电压前面取"＋"号;电压参考方向与回路绕行方向相反者,则取"－"号。

同理,KVL 中电压的方向本应指它的实际方向,但由于采用了参考方向,所以式(2.3.2)中的代数和是按电压的参考方向来判断的。

KCL 规定了电路中任一节点处电流必须服从的约束关系,而 KVL 则规定了电路中任一回路内电压必须服从的约束关系。这两个定律仅与元件的连接有关,与元件本身无关。不论元件是线性的还是非线性的,时变的还是非时变的,KCL 和 KVL 总是成立的。

例 2.3.1　如图 2.3.3 所示电路,已知 $U_1 = 5$ V, $U_3 = 3$ V, $I = 2$ A,求 U_2、I_2、R_1、R_2 和 U_S。

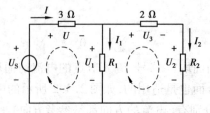

图 2.3.3　例 2.3.1 图

解　①已知 2 Ω 电阻两端电压 $U_3 = 3$ V,故

$$I_2 = \frac{U_3}{2} = \frac{3}{2} = 1.5(\text{A})$$

②在由 R_1、R_2 和 2 Ω 电阻组成的闭合回路中,根据 KVL 得

$$U_3 + U_2 - U_1 = 0$$

即

$$U_2 = U_1 - U_3 = 5 - 3 = 2(\text{V})$$

③由欧姆定律得

$$R_2 = \frac{U_2}{I_2} = \frac{2}{1.5} = 1.33(\Omega)$$

④由 KCL 得

$$I_1 = I - I_2 = 2 - 1.5 = 0.5(\text{A})$$

$$R_1 = \frac{U_1}{I_1} = \frac{5}{0.5} = 10(\Omega)$$

⑤在由 U_S、R_1 和 3 Ω 电阻组成的闭合回路中,根据 KVL 得

$$U_S = U + U_1 = 2 \times 3 + 5 = 11(\text{V})$$

思考题

1. 什么是支路、节点、回路、网孔?
2. 基尔霍夫第一定律是怎么规定的? 什么是广义节点?
3. 什么是基尔霍夫第二定律?

2.4　电路中各点电位的计算

电路中的每一点均有一定的电位,电位的变化反映电路工作状态的变化,检测电路中各点的电位是分析电路与维修电器的重要手段。要确定电路中某点电位,必须先确定零电位点(参考点),电路中的任一点对零电位点的电压就是该点电位。下面通过例题的分析、归纳,总结出电路中各点电位的计算方法和步骤。

例2.4.1　在图2.4.1所示电路中,$\varphi_d = 0$,电路中 E_1、E_2、R_1、R_2、R_3 及 I_1、I_2 和 I_3 均为已知量,试求 a、b、c 三点的电位。

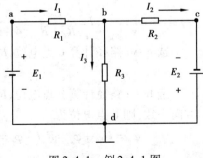

图 2.4.1　例 2.4.1 图

解 由于 $\varphi_d = 0$，$U_{ad} = E_1$，$U_{ad} = \varphi_a - \varphi_d$，所以

a 点电位 $\qquad \varphi_a = U_{ad} = E_1$

b 点电位 $\qquad \varphi_b = U_{bd} = R_3 I_3$

c 点电位 $\qquad \varphi_c = U_{cd} = -E_2$

以上求 a、b、c 三点的电位是分别通过三条最简单的路径得到的，路径的选择是任意的。沿路径 bad 时，$\varphi_b = U_{ba} + U_{ad} = -R_1 I_1 + E_1$；沿路径 bcd 时，$\varphi_b = U_{bc} + U_{cd} = R_2 I_2 - E_2$。三条路径不同，表达式不同，但其结果是相等的。

通过以上分析，可以归纳出电路中各点电位的计算方法和步骤：

①确定电路中的零电位点（参考点）。通常规定大地电位为零。一般选择机壳或许多元件汇集的公共点为参考点。

②计算电路中某点 a 的电位，就是计算 a 点与参考点 d 之间电压 U_{ad}。在 a 点和 d 点之间，选择一条捷径（元件最少的简捷路径），a 点电位即为此路径上全部电压的代数和。

③列出选定路径上全部电压代数和的方程，确定该点电位。

应当注意的是，当选定的电压参考方向与电阻中电流方向一致时，电阻上电压为正，反之为负，如图 2.4.2(a) 所示；当选定的电压参考方向是从电源正极到负极，电源电压取正值，反之取负值，如图 2.4.2(b) 所示。

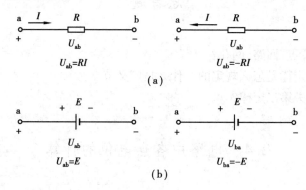

图 2.4.2 电压正负的确定

例 2.4.2 在图 2.4.3 所示电路中，$R_1 = 8\ \Omega$，$R_2 = 4\ \Omega$，$R_3 = 2\ \Omega$，$E_1 = 6\ V$，$E_2 = 3\ V$，试求电路中 a、b、c 点的电位。

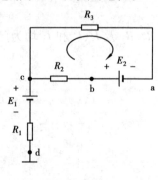

图 2.4.3 例 2.4.2 图

解 图中标明 d 点接地，则 $\varphi_d = 0$。闭合回路中只有电动势 E_2，应用全电路欧姆定律可求出回路电流 I（方向如图所示），

$$I = \frac{E_2}{R_2 + R_3} = \frac{3}{4 + 2} = 0.5(\text{A})$$

选 c→d 路径计算 c 点电位，R_1 中没有电流，c 点电位为

$$\varphi_c = U_{cd} = E_1 = 6(\text{V})$$

选 b→c 路径计算 b 点电位，R_2 中电流方向与电压 U_{bc} 参考方向一致，则 b 点电位为

$$\varphi_b = U_{bc} + \varphi_c = R_2 I + \varphi_c = 4 \times 0.5 + 6 = 8(\text{V})$$

选 a→b 路径计算 a 点电位,电压参考方向是由电源负极到正极,则 a 点电位为
$$\varphi_a = U_{ab} + \varphi_b = -E_2 + \varphi_b = -3 + 8 = 5(\text{V})$$
以上计算是否正确,可以利用由 a 经 R_3 到 c 这条路径检查验算,即
$$\varphi_a = U_{ac} + \varphi_c = -R_3 I + \varphi_c = -2 \times 0.5 + 6 = 5(\text{V})$$
沿两条路径计算的 a 点电位都是 5 V,证明计算是正确的。

思考题

电路中各点电位的计算方法是怎样的?

2.5　支路电流法和回路电压法

2.5.1　支路电流法

如果知道各支路的电流,那么各支路的电压、电功率可以很容易地求出来。以支路电流为未知量,应用基尔霍夫定律列出节点电流方程和回路电压方程,组成方程组并解出各支路电流的方法称为支路电流法。它是应用基尔霍夫定律解题的基本方法。

解题步骤:

①标出各支路电流的参考方向;

②对 N 个节点,可列出 $(N-1)$ 个独立的 KCL 方程;

③选取 $(b-N+1)$ 个(对于平面电路可选网孔数)回路,列写出 $(b-N+1)$ 个独立的 KVL 方程;

④联立求解 $(N-1)$ 个 KCL 方程和 $(b-N+1)$ 个独立的 KVL 方程,就可以求出 b 个支路电流。

⑤校验计算结果的正确性。

例 2.5.1　如图 2.5.1 所示,已知 $E_1 = 90$ V,$E_2 = 60$ V,$R_1 = 6\ \Omega$,$R_2 = 12\ \Omega$,$R_3 = 36\ \Omega$,试用支路电流法求各支路电流。

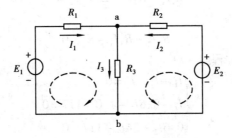

图 2.5.1　支路电流法

解 在电路图上标出各支路电流的参考方向,如图所示,选取绕行方向。应用 KCL 和 KVL 列方程如下:

$$I_1 + I_2 - I_3 = 0$$
$$I_1 R_1 + I_3 R_3 = E_1$$
$$I_2 R_2 + I_3 R_3 = E_2$$

代入已知数据得

$$I_1 + I_2 - I_3 = 0$$
$$6I_1 + 36I_3 = 90$$
$$12I_2 + 36I_3 = 60$$

解方程可得

$$I_1 = 3(\text{A}), \quad I_2 = -1(\text{A}), \quad I_3 = 2(\text{A})$$

I_2 是负值,说明电阻 R_2 上的电流的实际方向与所选参考方向相反。

例 2.5.2 在图 2.5.2 所示两个并联电源对负载供电的电路中,已知 $E_1 = 130$ V,$E_2 = 117$ V,$R_1 = 1$ Ω,$R_2 = 0.6$ Ω,负载电阻 $R_3 = 24$ Ω。求各支路电流 I_1、I_2、I_3。

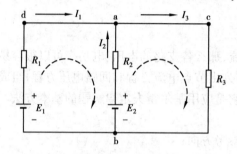

图 2.5.2 例 2.5.2 图

解 ①选定的各支路电流参考方向及回路绕行方向,如图 2.5.2 所示。

②电路中只有两个节点 a 和 b,只能列一个独立的节点电流方程。对于节点 a 可列出节点电流方程为

$$I_1 + I_2 - I_3 = 0$$

③根据基尔霍夫第二定律,列出两个网孔的回路电压方程。

abda 回路的电压方程为

$$R_1 I_1 - R_2 I_2 - E_1 + E_2 = 0$$

acba 回路的电压方程为

$$R_2 I_2 + R_3 I_3 - E_2 = 0$$

④代入已知数解联立方程组

$$\begin{cases} I_1 + I_2 - I_3 = 0 \\ I_1 - 0.6I_2 - 130 + 117 = 0 \\ 0.6I_2 + 24I_3 - 117 = 0 \end{cases}$$

整理后方程组为

$$\begin{cases} I_1 + I_2 - I_3 = 0 \\ I_1 - 0.6I_2 = 13 \\ 0.6I_2 + 24I_3 = 117 \end{cases}$$

解得 $\qquad\qquad I_1 = 10 \text{ A}, \quad I_2 = -5 \text{ A}, \quad I_3 = 5 \text{ A}$

I_1、I_3 为正值,电流实际方向与标明的参考方向相同;I_2 为负值,电流的实际方向与标明的参考方向相反。

2.5.2　回路(网孔)电流法

在电路中确定出全部独立回路,以回路电流为未知数,根据基尔霍夫电压定律列出含有回路电流的回路电压方程,然后求解出各回路电流,而各支路电流等于该支路内所通过的回路电流的代数和。

解题步骤:(以图 2.5.3 为例讲解)

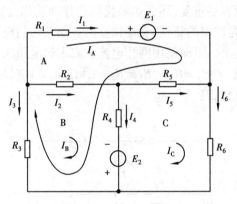

图 2.5.3　解题图

(1)确定独立回路,并设定回路绕行方向

独立回路是指每次所选定的回路中至少要包含一条新支路,即其他支路未曾用过的支路。如图 2.5.3 所示,设定顺时针方向为独立回路电流的绕行方向。

(2)列以回路电流为未知量的回路电压方程

注意:①若某一电阻上有两个或两个以上独立回路电流流过时,该电阻上的电压必须写成两个或两个以上回路电流与电阻乘积的代数和。而且要特别注意正、负符号的确定,以自身回路电流方向为准。即自身回路电流与该电阻的乘积取正,如图 2.5.3 回路 A 中,R_5 上的压降为 $I_A R_5$,取正。而另一回路电流的方向与自身回路电流方向相同时,取正,相反时取负,如图 2.5.3 回路 A 中,I_A 和 I_C 反向。此时 I_C 在 R_5 上的压降为 $I_C R_5$,取负。②若回路中含有电压源时,电动势方向和回路电流的绕行方向不一致时(电动势两端电压方向和电流绕行方向一致时),取正;反之取负。

按照以上原则,用回路电流法可列方程:

$$\begin{cases} (R_1 + R_3 + R_4 + R_5)I_A + (R_3 + R_4)I_B - (R_4 + R_5)I_C + E_1 - E_2 = 0 \\ (R_2 + R_3 + R_4)I_B + (R_3 + R_4)I_A - R_4 I_C - E_2 = 0 \\ (R_4 + R_5 + R_6)I_C - R_4 I_B - (R_4 + R_5)I_A + E_2 = 0 \end{cases}$$

（3）**解方程求回路电流**

将已知数据代入方程，可求得各回路电流 I_A、I_B、I_C。

（4）**求各支路电流**

支路电流等于流经该支路的各回路电流的代数和。此时需注意的是电流方向问题，要以支路电流方向为参考，即若回路电流方向和支路电流方向一致，则取正，相反则取负。如图 2.5.3 中，各支路电流：

$$I_1 = I_\mathrm{A} \quad I_2 = I_\mathrm{B} \quad I_3 = -I_\mathrm{A} - I_\mathrm{B}$$
$$I_4 = I_\mathrm{A} + I_\mathrm{B} - I_\mathrm{C} \quad I_5 = I_\mathrm{C} - I_\mathrm{A} \quad I_6 = I_\mathrm{C}$$

（5）**进行验算**

验算时，选外围回路列 KVL 方程验证。若代入数据，回路电压之和为 0，则说明以上数据正确。

根据以上步骤，我们发现一个特点，解题的关键是第一步，确定独立回路，选择新的未曾使用过的独立回路，这个比较容易重复，那么如果我们选择网孔作为独立回路，是不是就不会有这样一个问题了呢？网孔是回路的特例，它是独立的。网孔之间没有重叠交叉，列方程更加容易，这种方法称为网孔电流法。下面就用网孔电流法来求解电路 3.38 中的支路电流。

例 2.5.3　已知 $R_1 = R_2 = R_3 = R_4 = R_5 = R_6 = 1 \text{ k}\Omega$，$E_1 = 1 \text{ V}$，$E_2 = 2 \text{ V}$，用网孔电流法求解图 2.5.4 所示电路中各支路电流。

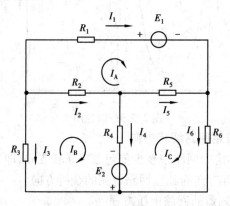

图 2.5.4　例 2.5.3 图

解　①确定网孔并设定网孔电流的绕行方向。如图 2.5.4 所示，规定网孔电流方向为顺时针方向。

②列以网孔电流为未知量的回路电压方程。

$$\begin{cases} (R_1 + R_2 + R_5)I_\mathrm{A} - R_2 I_\mathrm{B} - R_5 I_\mathrm{C} + E_1 = 0 \\ (R_2 + R_3 + R_4)I_\mathrm{B} - R_2 I_\mathrm{A} - R_4 I_\mathrm{C} - E_2 = 0 \\ (R_4 + R_5 + R_6)I_\mathrm{C} - R_4 I_\mathrm{B} - R_5 I_\mathrm{A} + E_2 = 0 \end{cases}$$

③解方程求各网孔电流。

$$\begin{cases} 3I_\mathrm{A} - I_\mathrm{B} - I_\mathrm{C} = -1 \\ 3I_\mathrm{B} - I_\mathrm{A} - I_\mathrm{C} = 2 \\ 3I_\mathrm{C} - I_\mathrm{B} - I_\mathrm{A} = -2 \end{cases}$$

$$I_A = -\frac{1}{2}A \quad I_B = \frac{1}{4}A \quad I_C = -\frac{3}{4}A$$

④求支路电流

$$I_1 = I_A = -\frac{1}{2}A \quad I_2 = -I_A + I_B = \frac{3}{4}A \quad I_3 = -I_B = -\frac{1}{4}A$$

$$I_4 = I_B - I_C = 1\ A \quad I_5 = I_C - I_A = -\frac{1}{4}A \quad I_6 = I_C = -\frac{3}{4}A$$

⑤验算。列外围电路电压方程验证。

由上面的例子可以看出,网孔电流法的解题思想,就是用较少的方程求解多支路电路的支路电流。先以回路电流为未知量,列出以电流为未知量的网孔电压方程,再求解支路电流。要注意的是,列回路电压方程时,回路电流的方向要以自身回路电流方向为参考。电动势的方向也要依据回路电流方向。求解支路电流时,要以支路电流方向为参考。

但是可以发现如果网孔较多,同样存在方程数量过多、解题烦琐的问题。

2.6　节 点 电 压 法

对于节点较少而网孔较多的电路,用支路电流法和网孔电流法都比较麻烦,方程过多,不易求解。在这种情况下,如果选取节点电压作为独立变量,可使计算简便得多。这就是我们要学习的另一种方法——节点电压法。

节点电压法解题步骤:

①选择参考节点,设定参考方向。

②求节点电压 U。

③求支路电流。

例 2.6.1　电路如图 2.6.1 所示,求解各支路电流 I_1、I_2、I_3、I_4。

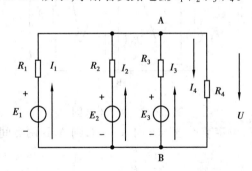

图 2.6.1　例 2.6.1 图

解　①选择参考节点,设定参考方向。

选择电路中 B 点作为参考点,并设定节点电压为 U,其参考方向为由 A 至 B。(这里也可选择以 A 点为参考点,参考方向由 B 至 A)

②求节点电压 U。

各支路的电流可应用 KCL、KVL 或欧姆定律得出,即

$$I_1 = (E_1 - U)/R_1$$

$$I_2 = (E_2 - U)/R_2$$
$$I_3 = (E_3 - U)/R_3$$
$$I_4 = U/R_4$$

根据 KCL 定律可得:$I_1 + I_2 + I_3 + I_4 = 0$

将 I_1、I_2、I_3、I_4 的值代入 $I_1 + I_2 + I_3 + I_4 = 0$ 中,得:$(E_1 - U)/R_1 + (E_2 - U)/R_2 + (E_3 - U)/R_3 + U/R_4 = 0$

可求得:

$$U = \frac{\dfrac{E_1}{R_1} + \dfrac{E_2}{R_2} + \dfrac{E_3}{R_3}}{\dfrac{1}{R_1} + \dfrac{1}{R_2} + \dfrac{1}{R_3} + \dfrac{1}{R_4}} = \frac{\sum \dfrac{E}{R}}{\sum \dfrac{1}{R}}$$

这就是节点电压计算公式。式中,分子的各项由电动势 E 和节点电压 U 的参考方向确定其正、负号,当 E 和 U 的参考方向相同取负号,相反时取正号。凡是具有两个节点的电路,可直接利用上式计算求出节点电压。

③求支路电流。

求出节点电压 U 后,将 U 代入电流公式中,即可求出各支路电流。

$$I_1 = (E_1 - U)/R_1$$
$$I_2 = (E_2 - U)/R_2$$
$$I_3 = (E_3 - U)/R_3$$
$$I_4 = U/R_4$$

例 2.6.2 求解图 2.6.2 电路中各支路电流 I_1、I_2、I。

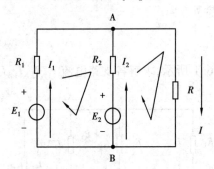

图 2.6.2 例 2.6.2 图

解 设 B 点为参考点,设定节点电压方向 A 至 B,则 A、B 两点间电压 U 为

$$U = \frac{\dfrac{E_1}{R_1} + \dfrac{E_2}{R_2}}{\dfrac{1}{R_1} + \dfrac{1}{R_2} + \dfrac{1}{R}} = 120(\text{V})$$

各支路电流为:

$$I_1 = (E_1 - U)/R_1 = 10 \text{ A}$$
$$I_2 = (E_2 - U)/R_2 = -5 \text{ A}$$
$$I = U/R = 5 \text{ A}$$

用节点电压法求解时,同样要注意的是电压方向问题,当电动势方向和电压参考方向相同时取负号,相反时取正号。

支路电流法理论上可以求解任何复杂电路,但当支路数较多时,需求解的方程数也较多,计算过程烦琐。

2.7　戴维南定理

任何具有两个引出端的电路(也叫网路或网络)都叫作二端网络。网络中含有电源,叫作有源二端网络,否则叫作无源二端网络,如图 2.7.1 所示。

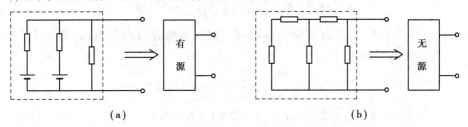

（a）　　　　　　　　　　　　　　　　　（b）

图 2.7.1　二端网络

一个无源二端网络可以用一个等效电阻 R 来代替,一个有源二端网络可以用一个等效电压源 E_0 和 R_0 来代替。任何一个有源复杂电路,都可以把所研究支路以外部分看成一个有源二端网络,将其用一个等效电压源 E_0 和 R_0 来代替,就能简化电路。

戴维南定理:线性有源二端网络,对外电路而言,可以用一个等效电压源代替,等效电压源的电动势 E_0 等于有源二端网络两端点间的开路电压 U_{ab},如图 2.7.2(a)所示;等效电压源的内阻 R_0 等于该二端有源网络中,各个电源置零后,即将理想电压源用短路线代替,理想电流源用开路代替所得的无源二端网络两端点间的等效电阻,如图 2.7.2(b)所示。

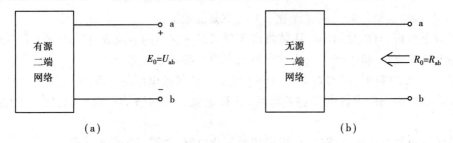

（a）　　　　　　　　　　　　　　　　　　（b）

图 2.7.2　戴维南定理

例 2.7.1　在图 2.7.3 所示电路中,已知 $E_1 = 5$ V,$R_1 = 8$ Ω,$E_2 = 25$ V,$R_2 = 12$ Ω,$R_3 = 2.2$ Ω,试用戴维南定理求通过 R_3 的电流 I_3 及 R_3 两端电压 U_{R3}。

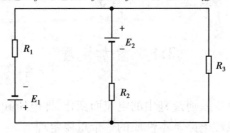

图 2.7.3　例 2.7.1 图

解 ①断开待求支路,分出有源二端网络,如图 2.7.4(a)所示。计算开路端电压 U_{ab} 即为所求等效电源的电动势 E_0(电流、电压参考方向如图所示)。

$$I = \frac{E_1 + E_2}{R_1 + R_2} = \frac{5 + 25}{8 + 12} = 1.5(A)$$

$$E_0 = U_{ab} = E_2 - R_2 I = 25 - 12 \times 1.5 = 7(V)$$

②将有源二端网络中各电源置零后,即将电动势用短路代替,成为无源二端网络,如图 2.7.4(b)所示。计算出等效电阻 R_{ab} 即为所求电源的内阻 R_0。

$$R_0 = R_{ab} = \frac{R_1 R_2}{R_1 + R_2} = \frac{8 \times 12}{8 + 12} = 4.8(\Omega)$$

③将所求得的 E_0、R_0 与待求支路的电阻 R_3 连接,形成等效简化电路,如图 2.7.4(c)所示。计算支路电流 I_{R3} 和电压 U_{R3}。

$$I_{R3} = \frac{E_0}{R_0 + R_3} = \frac{7}{4.8 + 2.2} = 1(A)$$

$$U_{R3} = R_3 I_{R3} = 2.2 \times 1 = 2.2(V)$$

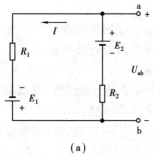 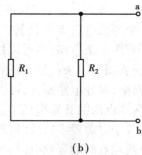 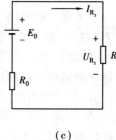

| (a) | (b) | (c) |

图 2.7.4　求解例题图

通过以上分析,可以总结出应用戴维南定理求某一支路的电流或电压的方法和步骤。

①断开待求支路,将电路分为待求支路和有源二端网络两部分。

②求出有源二端网络两端点间的开路电压 U_{ab},即等效电源的电动势 E_0。

③将有源二端网络中各电动势置零后,计算无源二端网络的等效电阻,即等效电源的内阻 R_0。

④将等效电源与待求支路连接,形成等效简化电路,根据已知条件求解。

在应用戴维南定理解题时,应当注意的是:

①等效电源电动势 E_0 的方向与有源二端网络开路时的端电压极性一致。

②等效电源只对外电路等效,对内电路不等效。

2.8　叠加定理

电路的参数不随外加电压及通过其中的电流而变化,即电压和电流成正比的电路,叫作线性电路。叠加定理是反映线性电路基本性质的一个重要定理。

在图 2.8.1 所示电路中,根据基尔霍夫第二定律 $\sum U = 0$,由图(a)得

$$I(R_1 + R_2 + R_3) = E_1 - E_2$$

即

$$I = \frac{E_1 - E_2}{R_1 + R_2 + R_3}$$

在图(b)中，E_1 单独作用（E_2 置零），电路中电流

$$I' = \frac{E_1}{R_1 + R_2 + R_3}$$

在图(c)中，E_2 单独作用（E_1 置零），电路中电流

$$I'' = \frac{E_2}{R_1 + R_2 + R_3}$$

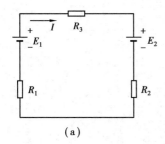 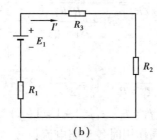 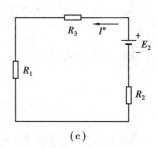

图 2.8.1 叠加定理

这说明图(a)所示电路中的电流 I，可以看成 E_1 单独作用时产生的电流 I' 与 E_2 单独作用时产生的电流 I'' 合成的结果。解复杂电路时，可将其化解成几个简单电路来研究，然后将计算结果叠加，求得原来电路的电流、电压，这个定理就是叠加定理，即在有多个电动势的线性电路中，任一支路的电流等于电路中各个电动势单独作用该电路时，在该支路中所产生电流的代数和。

例 2.8.1 在图 2.8.2(a)所示电路中，$E_1 = 12$ V，$E_2 = 6$ V，$R_1 = R_2 = R_3 = 2$ Ω，用叠加定理求各支路电流 I_1、I_2 和 I_3。

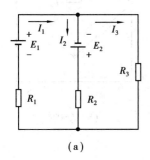 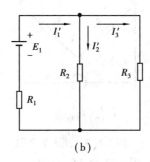 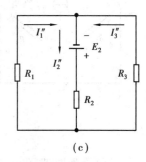

图 2.8.2 例 2.8.1 图

解 ①将复杂电路分解成几个简单电路，有几个电动势就分解为几个具有单一电动势的简单电路，并标出电流参考方向，如图 2.8.2(b)、(c)所示。

②对简单电路分析、计算，求出单一电动势作用时的各支路电流。

在图(b)中，E_1 单独作用时：

$$I_1' = \frac{E_1}{R_1 + R_2 /\!/ R_3} = \frac{E_1}{R_1 + \dfrac{R_2 R_3}{R_2 + R_3}} = \frac{12}{2 + \dfrac{2 \times 2}{2 + 2}} = 4 \text{ A}$$

应用分流公式求出

$$I_2' = \frac{R_3}{R_2 + R_3} \quad I_1' = \frac{2}{2 + 2} \times 4 = 2(\text{A})$$

$$I_3' = I_1' - I_2' = 4 - 2 = 2(\text{A})$$

在图（c）中，E_2 单独作用时：

$$I_2'' = \frac{E_2}{R_2 + R_1 /\!/ R_3} = \frac{E_2}{R_2 + \dfrac{R_1 R_3}{R_1 + R_3}} = \frac{6}{2 + \dfrac{2 \times 2}{2 + 2}} = 2(\text{A})$$

应用分流公式求出

$$I_1'' = \frac{R_3}{R_1 + R_3} \quad I_2'' = \frac{2}{2 + 2} \times 2 = 1(\text{A})$$

$$I_3'' = I_2'' - I_1'' = 2 - 1 = 1(\text{A})$$

③应用叠加定理求 E_1、E_2 共同作用时各支路电流：

$$I_1 = I_1' + I_1'' = 4 + 1 = 5(\text{A})$$

$$I_2 = I_2' + I_2'' = 2 + 2 = 4(\text{A})$$

$$I_3 = I_3' - I_3'' = 2 - 1 = 1(\text{A})$$

例 2.8.2 如图 2.8.3 所示电路,用叠加原理求电流 I_1。已知 $R_1 = R_4 = 1\ \Omega, R_2 = R_3 = 3\ \Omega, I_S = 2\ \text{A}, U_S = -10\ \text{V}$。

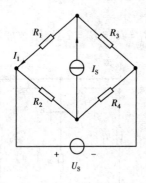
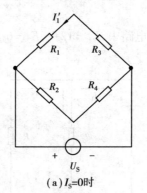
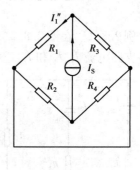

（a）$I_S=0$时　　　　　　　（b）$U_S=0$时

图 2.8.3　例 2.8.2 图

解　由叠加原理,先令 $I_S = 0$,得题 2.8.3(a),有

$$I_1' = \frac{-U_S}{R_1 + R_3} = \frac{10}{4} = 2.5(\text{A})$$

令 $U_S = 0$,得图 2.8.3(b),故

$$I_1'' = \frac{R_3}{R_1 + R_3} I_S = \frac{3}{4} \times 2 = 1.5(\text{A})$$

故

$$I = I_1' + I_1'' = 4(\text{A})$$

应当指出的是,叠加定理只适用于线性电路,只能用来计算电流和电压,不能计算功率。

思考题

1. 运用支路电流法解题步骤是怎样的?
2. 怎样运用戴维南定理求解直流电路中的支路电流?
3. 运用叠加定理解题步骤是怎样的?

实训一　常用电工仪表使用及基尔霍夫定律验证

一、实验目的

①学会正确使用万用表和直流稳压电源。

②验证基尔霍夫定律。

二、实验设备

①HT1722E 型直流稳压电源。

②MF-10 型指针式万用表。

③直流电路实验板

三、实验内容

在了解万用表和直流稳压电源测量原理和使用方法的基础上,按电路图接好直流电路实验板线路。

①用万用表欧姆挡测实验电路板上的电阻值。

②用万用表电流挡测实验电路板上的电流值。

③用万用表电压挡测实验电路板上的电压值。

四、预备知识

1. MF-10 型指针式万用表

MF-10 型指针式万用表为高灵敏、磁电整流系多量程万用表,可以测量直流电压、直流电流、中频交流电压、音频电平和直流电阻。由于测量所消耗的电流极微,因此在测量高内阻的线路参数时不会显著影响电路的状态。电流最灵敏量限的满度值为 10 μA,可以用它来测量普通万用表不能测量的微弱电流。利用其高灵敏度特点,可以测量小于 200 MΩ 的高阻值。

(1)使用方法

1)零位调整

将仪表水平放置,若指针不在标尺起始点(零点),可调节零位机械调节器,使它回到起始点。

2)直流电压测量

将范围选择开关旋至直流电压"V"的范围所需要的电压量限,然后将仪表并联接入测量电路。必须遵从与" + "端钮相连表笔处于高电位端的原则。若不知被测两点电位高低,则应使一支表笔触其一点,另一表笔迅速触碰另一点,若指针反转,说明极性接反,应调换。所选量程应大于待测电压且最靠近待测电压。若不知被测电压范围,应先选最大量程,再逐渐减小。

3)交流电压测量

方法同直流电压,只要将量程开关旋至交流量程即可。测量交流电压的额定频率为45～1 500 Hz,扩大频率至5 000 Hz,其电压波形与基本正弦波差值不应超过±2%。为了测量准确,仪表公共端钮"＊"应与信号发生器的负极(接地、壳端)相连。如果接反,则会因对地分布电容导致误差增大。如果交流电压含有直流成分,应在一支表笔上串入一个500 V以上、0.1 μF的电容。

4)直流电流测量

将范围选择开关旋至直流电流"μA"或"mA"范围,然后将仪表串联接入测量电路,必须遵从电流从与"＋"端钮相连表笔流入的原则,所选量程应大于待测电流且最靠近它。若不知被测电流范围,应先选最大量程,再逐渐减小。若不知被测电路电流方向,则应使一支表笔触其电路其中一点,另一表笔迅速触碰另一点,若指针反转,说明表笔接反,应调换。

5)直流电阻测量

将范围选择开关置于"Ω"范围所需量限,红笔插入"Ω"插孔,黑笔插入"＊"插孔。为使测量准确,选量程时应尽可能使指针处于欧姆刻度中间段。测量前将两表笔短接,调节零欧姆调节器,使指针指示在零欧姆上,然后将两表笔接在被测电阻或待测电路两端进行测量。读数在第一条刻度线。Ω×1、Ω×10、Ω×100、Ω×1k、Ω×10 k五个量限合用1.5 V 2号电池;使用Ω×100 k挡需加装15 V层叠电池。当调节零欧姆调节器不能使指针达满度时,说明电池不足,应更换新电池,防止电液腐蚀其他元件。

(2)注意事项

为了获得良好的测量效果,同时也为了防止使用不当而损坏仪表,使用时应遵守以下注意事项:

①在测试中不能旋转开关旋钮,特别是高电压、大电流时,严禁带电转换量程。

②注意电流、电压、电阻挡位的选择,切忌用电流挡测电压(即与被测元件并联);测量直流电流时,仪表应与被测电路串联,切忌与被测电路并联,以防止仪表过负荷而损坏。

③一定要在电源断开时用万用表测电阻;如果电路中有电容,应先将其放电后才能测量,切忌在电路带电情况下测量电阻。

④测量结束时,最好将量程开关旋至交直流电压的500 V位置上,防止下一次使用时疏忽测量范围而致仪表损坏。

⑤测量交直流电压时,应将橡胶测试杆插入联有导线的绝缘管内,且不应暴露金属部分,并应谨慎从事。

2. HT1722E型直流稳压电源

HT1722E型直流稳压电源是具有稳压、稳流双功能的直流电源。当其工作在稳压状态时,稳流部分还起自动保护作用,保护电流可调。该电源纹波小,有较好的负载适应性,两路输出既能并联使用,又能串联使用。

(1)使用方法

①开启电源开关,指示灯亮(表示接通),待机器预热30分钟后再正常使用。

②稳压使用。先将"稳流调节"置于最右端(以保证电路的额定电流),再依所需电压值选择"电压粗调"挡级,配合"电压细调"得到所需输出电压。当过载或短路时,电压表指示下降

为零,电流指示将达最大保护值。此时可切断电源,排除负载故障后再使用。

③稳流使用。先将"电压细调"置于最右端(以保证电路的额定电压),将"电压粗调"置于最高挡,将输出短路,调节"稳流调节",使电流指示为所需电流值,接上负载后去掉短路线。再依电压表指示选择合适的"电压粗调"挡级,以减少功率管的损耗。当负载轻于额定值或输出端开路时,电路将失去稳流作用,自动进入稳压状态。

④鉴别电路工作在稳压或稳流状态的简单方法:

当电路工作在稳压状态时,微微调节"稳流调节"时,电压、电流指示应不变。当电路工作在稳流状态时,微微调节"电压细调"时,电流、电压指示应不变。在额定负载范围内变化负载时,电压改变,电流不变。

⑤保护电流的选择。

在稳压使用时,一般将"稳流调节"置于最右端(此时保护电流最大),如希望保护电流小些,可将"电压粗调"拨至最高挡,将输出短路,调节"稳流调节"电位器,使电流指示为所需电流保护值,然后去掉短路线即可。

⑥输出接线柱:输出由"＋""－"两接线柱供给,地线接线柱仅与机壳相连。

(2)注意事项

①在使用稳压电源时,只允许按下一个琴键开关,切勿几个挡位开关同时按下,使几组互相独立的电源并联在同一个电压表上而导致几个电源相互短路造成仪器损坏。

②使用完毕后,放在干燥通风的地方并保持清洁,若长期不用应将电源插头拔下后再存放。

③对稳压电源进行维修时,必须将输入电源断开。

3. 验证基尔霍夫定律

①搭接实验电路如实训图1.1所示。

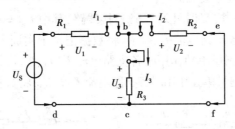

实训图1.1

②用万用表测量实验板上 R_1、R_2、R_3 的电阻值,R_1 串联 R_2 的电阻值,以及 R_2 并联 R_3 的电阻值,将数据记入实训表1.1中。

实训表1.1

待测量	R_1	R_2	R_3	$R_1 + R_2$	$R_2 // R_3$
测量值/Ω					

③打开稳压电源,调整1路或2路输出电压为12 V(一般用1路),用万用表直流电压50 V挡检测,与稳压电源电压表指示比较,不一致时以万用表为准,然后关闭稳压电源。

④按图接好线路,打开电源,用万用表电流挡和电压挡测定,将数据记入实训表1.2中。

实训表 1.2

待测量		I_1	I_2	I_3	U_S	U_1	U_2	U_3
测量值								
验证 $\sum I = 0$	节点 b							
	节点 c							
验证 $\sum U = 0$	回路 abefcda							
	回路 abcda							
	回路 befcb							

⑤比较理论计算值和实际测定值,分析误差原因。

⑥分析实验结果,得出相应结论。

实验方案二:

自行设计实验电路,重复上述实验步骤。

实训二　叠加原理

一、实验目的

通过实际电路,验证叠加原理,并能正确应用叠加原理计算和证明有关电路问题。

二、实验内容

按照实验方案一和实验方案二进行。

①在直流电路实验板上按实训图 2.1(a)连接线路,其中 $U_{S1} = 12$ V,$U_{S2} = 6$ V 由直流稳压源提供,测量共同作用时,各支路电流 I_1、I_2、I_3,将数据记录于实训表 2.1 中。

②按图(b)连接线路,测量单独作用时各支路电流 I'_1、I'_2、I'_3,将数据记录于实训表2.1中。

③按图(c)连接线路,测量单独作用时各支路电流 I''_1、I''_2、I''_3,将数据记录于实训表2.1中。

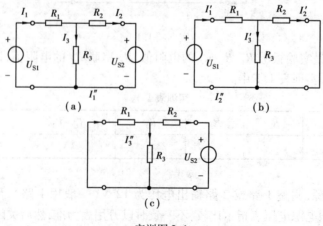

实训图 2.1

实训表 2.1

	I_1/mA	I_2/mA	I_3/mA
U_{S1}、U_{S2} 共同作用			
U_{S1} 单独作用			
U_{S2} 单独作用			

④分析实验结果，找出存在问题，得出相应结论。

实验方案二：自行设计实验电路，重复上述实验步骤。

实训三　戴维南定理

一、实验目的

①验证戴维南定理和诺顿定理，加深对定理的理解。

②学习线性有源二端网络等效电路参数的实验测量方法。

③验证功率最大传输条件。

④通过实验，加深对等效概念的理解。

二、实验说明

1. 线性有源二端网络的端口开路电压 U_{OC} 和短路电流 I_{OC} 的测定

用电压表、电流表直接测量开路电压或短路电流。由于电压表输入电阻及电流表内阻会影响测量结果，为了减少测量误差，应尽可能选用高输入电阻和低内阻电流表。若仪表内阻已知，则可以在测量结果中引入相应的校正值，以避免由此而引起的方法误差。

2. 减小仪表内阻影响的测量方法

（1）运放式高输出阻抗电压表

利用由运算放大器构成的电压跟随器（如实训图 3.1 所示），跟随器输入端接被测电压，输出端接电压表，根据跟随器特性：$u_o = u_i$，$R_i = \infty$，电压表的指示值与被测电压相等。由于电压跟随器具有输入阻抗高（十几到几十兆欧）而输出阻抗又特别低（近似为零）的特点，使输入与输出之间"隔离"，因此电压表的输入电阻对测量开路电压 U_{OC} 几乎没有影响。

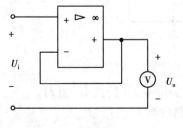

实训图 3.1

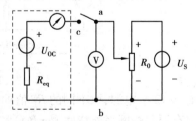

实训图 3.2

（2）零电位法

实训图 3.2 中，R_0 为分压器，调节分压器输出电压，使检流计指零。这时，a 点与 c 点电位相等，即 $U_{ab} = U_{cb}$，电压表示值即为开路电压 U_{OC}。这种方法消除了电压表输入内阻的影响，测量结果准确度与检流计灵敏度、电压表准确度有关。

3. 线性有源二端网络等效电阻 R_{eq} 的测量

测出线性有源二端网络开路电压 U_{OC}，短路电流 I_{OC}，则等效电阻为 $R_{eq} = U_{OC}/I_{OC}$。这种方法较简便，但是，对于不允许外部电路直接开路或短路的网络（例如有可能短路电流过大而损坏网络内部器件），不能采用此法。

若被测网络的结构已知，可以先将线性有源二端网络中的所有独立电源置零，然后采用测量直流电阻的方法测量 R_{eq}。

①若等效电阻为低值电阻（$R_{eq} < 1\ \Omega$），采用双电桥法和伏安法测量。

②若等效电阻为高值电阻（$R_{eq} > 1\ M\Omega$），用兆欧表测定。

③若等效电阻为中值电阻（$1\ M\Omega > R_{eq} > 1\ \Omega$），可采用以下方法：

a. 欧姆表（包括万用表欧姆挡）。这种方法最简便，但测量准确度较低，一般用于初测直流电阻（数字欧姆表准确度较高）。

b. 伏安法。外接电源，测量 R_{eq} 的端电压和流过的电流，然后计算 R_{eq}。这种方法也易实现，但准确度不高。

c. 半偏法。其原理线路如实训图 3.3 所示。调节标准电阻 R_L，若电流表示值是 R_L 为零时示值的一半，则 R_L 的阻值为被测等效电阻 R_{eq} 的阻值。如要求准确，应引入校正误差，消除电流表内阻的影响。

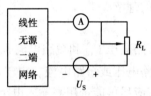

实训图 3.3

d. 单电桥法。此法测量有较高准确度。

三、实验方案

有源二端网络组成如实训图 3.4 所示（由直流电源、无源网络板和电阻箱三部分组成）。

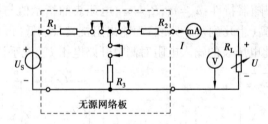

实训图 3.4

接入 $U_S = 12\ V$ 电源，取不同的 R_L 值即可测得二端网络外特性 $U = f(I)$。

1. 测定有源二端网络外特性 $U = f(I)$ 和等效电路参数 U_{OC}、I_{SC}、R_{eq}

调节稳压电源使 $U_S = 12\ V$，检查电路无误后打开电源，分别取 R_L 为 $0\ \Omega$、$20\ \Omega$、$40\ \Omega$、$60\ \Omega$、$80\ \Omega$ 和 ∞，测定相应的 U、I，记录于实训表 3.1 中。

实训表 3.1

R_L/Ω	0	20	40	60	80	∞
I/mA						
U/V						
I'/mA						
U'/V						
I''/mA						
U''/V						
等效参数	$U_{OC}=$		$I_{SC}=$		$R_{eq}=$	

2. 测定戴维南定理等效电路外特性 $U'=f(I')$

搭建戴维南等效电路如实训图 3.5 所示,使 $U'_S=U_{OC}$,接入外电路,使 R_L 分别为 0 Ω, 20 Ω,40 Ω,60 Ω,80 Ω 和∞,测定相应的 U'、I',记录于表中。

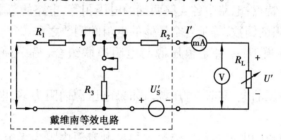

实训图 3.5

也可由表中的等效参数值 R_{eq} 选一标准电阻等于 R_{eq} 值,重复上述测定外特性 $U'=f(I')$。

3. 测定诺顿定理等效电路外特性 $U''=f(I'')$

搭建诺顿等效电路如实训图 3.6 所示,调节直流稳压电源,使其处于稳流输出状态(电压粗调先置最大挡),打开电源,接入外电路,在 $R_L=0$ Ω 情况下调节"稳流调节"使电源 $I_S=I_{SC}$, 使 R_L 分别为 0 Ω,20 Ω,40 Ω,60 Ω,80 Ω 和∞,测定相应的 U''、I'',记录于表中。

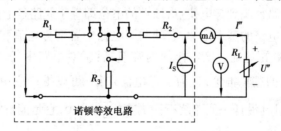

实训图 3.6

4. 最大功率传输条件的验证

根据表中数据计算并绘制功率随 R_L 变化的曲线,即 $p=f(R_L)$,验证最大功率传输条件是否正确,即当 $R_L=R_{eq}$ 时,负载获得了最大功率。

四、注意事项

①实验中使用的电阻箱除(×10)挡外,其余各挡均置于0。

②接戴维南等效电路时,注意稳压电源需变动,$U'_S = U_{OC}$。

③万用表测电压应直接接于 R_L 两端。

五、实验报告要求

①在同一坐标平面上画出原网络和各等效网络的外特性曲线 $U = f(I)$,$U' = f(I')$,$U'' = f(I'')$。分析比较,并得出结论。

②分析误差,提出消除误差的建议。

本章小结

1. 串联电路的基本特点:电路中各处的电流相等;电路两端的总电压等于各部分电路两端的电压之和;串联电路的总电阻,等于各个导体的电阻之和。

2. 并联电路的基本特点:电路中各支路两端的电压相等;电路的总电流等于各支路的电流之和;并联电路的总电阻的倒数,等于各个导体的电阻的倒数之和。

3. 实际电源有两种模型:一种是恒压源与电阻串联组合,另一种是恒流源与电阻并联组合。

为电路提供一定电压的电源叫作电压源。如果电压源内阻为零,电源将提供一个恒定不变的电压,称为恒压源。

为电路提供一定电流的电源叫作电流源。如果电流源内阻为无穷大,电源将提供一个恒定不变的电流,叫作恒流源。两种电源模型之间等效变换的条件是:

$$r_0 = r_S, \quad I_S = \frac{E}{r_0} = \frac{E}{r_S}$$

这种等效变换仅仅是针对外电路而言,对电源内部是不等效的,且在等效变换时 I_S 与 E 的方向应该一致。

4. 电路中某点的电位,就是该点与零电位之间的电压(电位差)。计算某点的电位,可以从这点出发通过一定的路径绕到零电位点,该点的电位即等于此路径上全部电压降的代数和。

5. 基尔霍夫定律是电路的基本定律,它阐明了电路中各部分电流和各部分电压之间的相互关系,是计算复杂电路的基础。该定律的内容包括:①对电路中任一节点,在任一时刻有 $\sum I = 0$,它是电荷守恒的逻辑推论,称为节点电流定律,可以推广应用于任意封闭面。②对电路中的回路,在任一时刻沿任一回路绕行一周有 $\sum U = 0$,它是能量守恒的逻辑推论,叫作回路电压定律。

6. 支路电流法是计算复杂电路最基本的方法。它以支路电流为未知量,依据基尔霍夫定律列出节点电流方程和回路电压方程,然后解联立方程求出各支路电流。如果复杂电路有 m 条支路 n 个节点,那么可列出 $n-1$ 个独立节点方程和 $m-(n-1)$ 个独立回路方程。

7. 网孔电流法用于求节点支路较多的电路,避免了用支路电流法求解方程过多的问题。解题方法是先求网孔电流再利用网孔电流求支路电流。

8. 节点电压法用于节点较少而网孔较多的电路。节点电压法求解步骤:选择参考节点,设定参考方向;求节点电压 U;求支路电流。

9. 支路电流法、网孔电流法、节点电压法三种方法中,列方程时,都要特别注意方向问题。

10. 戴维南定理是计算复杂电路常用的一个定理,适用于求电路中某一支路的电流。它的内容是:任何一个含源二端网络总可以用一个等效电源来代替,这个电源的电动势等于网络的开路电压,这个电源的内阻等于网络的输入电阻。

11. 叠加定理是线性电路普遍适用的重要定理,它的内容是:在线性电路中,各支路的电流(或电压)等于各个电源单独作用时,在该支路产生的电流(或电压)的代数和。

所谓恒压源不作用,就是该恒压源处用短接线替代;恒流源不作用,就是该恒流源处用开路替代。

习　题

一、填空题

1. 以客观存在的支路电流为未知量,直接应用 KCL 定律和 KVL 定律求解电路的方法,称为_____法。

2. 在多个电源共同作用的_____电路中,任一支路的响应均可看成是由各个激励单独作用下在该支路上所产生响应的_____,称为_____。

3. 具有两个引出端钮的电路称为_____网络,其内部含有电源称为_____网络,内部不包含电源的称为_____网络。

4. "等效"是指对_____等效以外的电路作用效果相同。戴维南等效电路是指一个电阻和一个电压源的串联组合,其中电阻等于原有源二端网络_____后的_____电阻,电压源等于原有源二端网络的_____电压。

5. 负载获得最大功率的条件是_____。

6. 为了减少方程式数目,在电路分析方法中我们引入了_____、_____、_____,这些定理只适用于线性电路的分析。

7. 支路电流法解得的电流为正值时,说明电流的参考方向与实际方向_____;电流为负值时,说明电流的参考方向与实际方向_____。

二、选择题

1. 习题图 2.1 所示电路,下面表达式中,正确的是_____。

A. $U_1 = -R_1U/(R_1 + R_2)$　　B. $U_2 = R_2U/(R_1 + R_2)$　　C. $U_1 = R_2U/(R_1 + R_2)$

2. 习题图 2.2 所示电路,下面表达式中,正确的是_____。

A. $I_1 = -R_1I/(R_1 + R_2)$　　B. $I_2 = R_2I/(R_1 + R_2)$　　C. $I_1 = R_2I/(R_1 + R_2)$

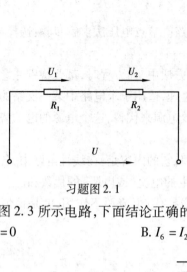

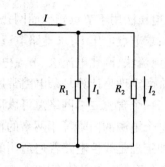

习题图 2.1   习题图 2.2

3. 习题图 2.3 所示电路,下面结论正确的是_____。

   A. $I_6 = 0$ B. $I_6 = I_2 + I_4 + I_1 + I_3$ C. $I_6 = I_5$

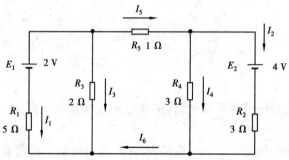

习题图 2.3

4. 必须设立电路参考点后才能求解电路的方法是(   )。

   A. 支路电流法   B. 回路电流法   C. 节点电压法

5. 只适应于线性电路求解的方法是(   )。

   A. 弥尔曼定理   B. 戴维南定理   C. 叠加定理

三、判断题

1. 习题图 2.4 所示电路中,R_{ab} 为 4 Ω。   (   )

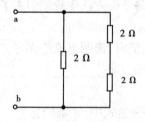

习题图 2.4

2. 我们把那种不能用串并联方法进行简化求其总电阻的电路称为"复杂电路"。   (   )

3. 将电路中的电阻进行 Y-△ 变换,并不影响电路其余未经变换部分的电压和电流。

                                                                                                          (   )

4. 习题图 2.5 所示为复杂电路。   (   )

5. 习题图 2.6 所示电路中,负载上取得的最大功率为 18 W。   (   )

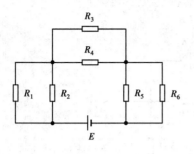

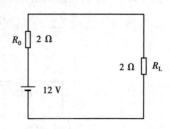

习题图 2.5　　　　　　　　　　　　习题图 2.6

6. 叠加定理只适合于直流电路的分析。　　　　　　　　　　　　　　　（　　）

7. 支路电流法和回路电流法都是为了减少方程式数目而引入的电路分析法。（　　）

8. 回路电流法是只应用基尔霍夫第二定律对电路求解的方法。　　　　　（　　）

9. 节点电压法是只应用基尔霍夫第二定律对电路求解的方法。　　　　　（　　）

四、计算题

1. 如习题图 2.7 所示电路,试用节点法求电压 u。

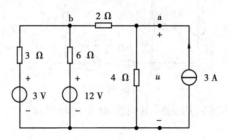

习题图 2.7

2. 如习题图 2.8 所示电路,试用节点法求电流 i。

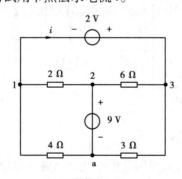

习题图 2.8

3. 如习题图 2.9 所示 N 为含源电阻网络。已知 $U_S = 10$ V,$R = 10$ Ω,$R_L = 9$ Ω,且 R_L 获得的最大功率为 1 W,求 N 的戴维南等效电源。

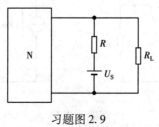

习题图 2.9

4. 如习题图 2. 10 所示电路,试用叠加定理求 u。

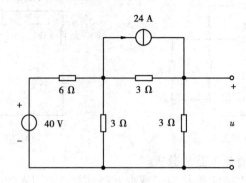

习题图 2. 10

5. 求解习题图 2. 11 所示电路的戴维南等效电路。

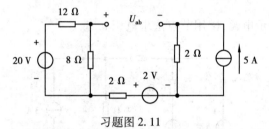

习题图 2. 11

6. 如习题图 2. 12 所示电路,用支路电流法求各支路电流。

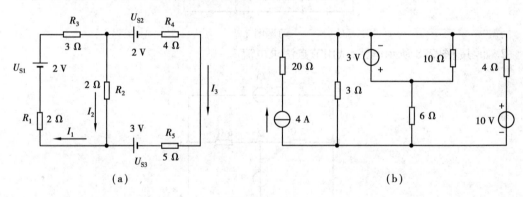

习题图 2. 12

7. 如习题图 2. 13 所示电路,试用网孔电流法列出各支路电流的方程式。

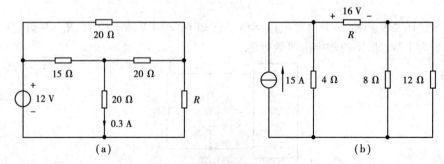

习题图 2. 13

8. 用节点电压法求习题图 2.14 所示电路中的电压 U_0。

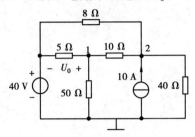

习题图 2.14

9. 用网孔电流法求习题图 2.15 所示电路中的电流 I_x。

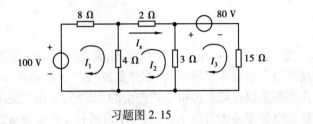

习题图 2.15

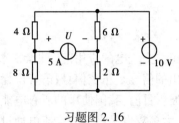

习题图 2.16

10. 用叠加定理求习题图 2.16 所示电路中的电压 U。

第3章
正弦交流电路

正弦交流电的应用范围非常广泛。发电厂发出的电压是正弦电压;常用的音频信号发生器输出的信号是正弦信号;语音广播及电视广播技术中所用的"高频载波"或"超高频载波"是正弦波。目前,我国使用的所有电能几乎都是以正弦交流电形式产生的,即便需要用直流电的场合,大多数也是将正弦交流电通过整流设备变换为直流电。因此,学习研究正弦交流电具有重要的现实意义。

3.1 正弦电压和电流的基本概念

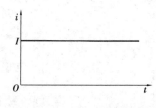

图 3.1.1 直流电流

在直流电路中,电流、电压的大小和方向都不随时间变化,如图 3.1.1 所示。在交流电路中,随时间按正弦函数规律周期性变化的电压、电流和电动势等物理量,统称为正弦量。它们在一个周期内的平均值为零。交流电的电流或电压在变化过程的任一瞬间,都有确定的大小和方向,叫作交流电的瞬时值,分别用小写字母"i""u"来表示。直角坐标系中,用横坐标表示时间 t,纵坐标表示交流电的瞬时值,把某一时刻 t 和与之对应的 u 或 i 作为平面直角坐标系中的点,用光滑的曲线把这些点连接起来,就得到交流电 $u(t)$ 或 $i(t)$ 随时间变化的曲线,即波形图。通过它可以直观地了解电流和电压随时间变化的规律。图 3.1.2 所示为几种常见交流电的电流波形图。

由于正弦电压、电流的方向是周期性变化的,因此电路图上所标极性"＋""－"是参考方向。正弦电压、电流和电动势统称为正弦量。一般可用正弦时间函数式表示如下(此处以电压为例):

$$u = U_m \sin(\omega t + \varphi) \tag{3.1.1}$$

式(3.1.1)中,u 称为瞬时值,U_m 称为最大值,ω 称为角频率,φ 称为初相位或初相角。它们可以确切描述正弦交流电在某一时刻的状态,这三个量被称为交流电的三要素。下面着重讨论三要素并介绍一些相关物理量。

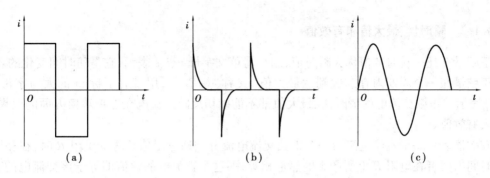

图 3.1.2　几种常见交流电的电流波形图

3.1.1　周期、频率和角频率

（1）周期

正弦交流电循环变化一周所用的时间叫做周期，用"T"表示，单位是秒（s）。

（2）频率

正弦交流电在 1 s 内完成循环变化的次数叫频率，用"f"表示，单位为赫[兹]（Hz）。在我国，电力用交流电（工频）选用 50 Hz，即在 1 s 内，交流电可完成 50 个周期的变化，这种交流电频率又称为工频。在电工与电子技术上，频率还用千赫（kHz）、兆赫（MHz）等单位，它们的换算关系是：

$$1 \ \text{kHz} = 10^3 \ \text{Hz}$$
$$1 \ \text{MHz} = 10^3 \ \text{kHz} = 10^6 \ \text{Hz}$$

从周期和频率的定义可知，它们互为倒数，即

$$f = \frac{1}{T} \tag{3.1.2}$$

可以看出，周期和频率都是表征交流电变化快慢的物理量。周期越长，频率就越低，则交流电变化越慢。

（3）角频率

交流电每 1 s 所经历的电角度就是交流电的角频率，用符号"ω"表示，单位为弧度每秒（rad/s）。

角频率和周期、频率有如下关系：

$$\omega = \frac{2\pi}{T} = 2\pi f \tag{3.1.3}$$

式中　2π——线圈转动一周电角度的变化量，单位是弧度，符号为 rad；

T——周期，单位是秒，符号为 s；

f——频率，单位是赫[兹]，符号为 Hz；

ω——角频率，单位是弧度每秒，符号为 rad/s。

对于交流市电（工频），频率 $f = 50$ Hz，则有：

周期　$T = \dfrac{1}{f} = 0.02(\text{s})$

角频率　$\omega = 2\pi f = 2 \times 3.14 \times 50 = 314(\text{rad/s})$

3.1.2 瞬时值、最大值和有效值

正弦量在任一瞬时的值称为瞬时值,用小写英文字母 u、i、e 表示,它是随时间变化的。

正弦量在一个周期内有二次到达最大值(又称"幅值"),用带有下标 m 的大写字母 I_m、U_m、E_m 表示。正弦交流电的瞬时值、最大值都不能确切反映交流电在能量转换方面的效果,为此引入有效值。

有效值表示一个直流电流与一个正弦交流电流分别通过阻值相等的电阻 R 时,在相同的通电时间内两者在电阻 R 上所产生的热量相等,那这个直流电的数值即等于该交流电的有效值。有效值用大写字母 I、U、E 表示,根据这一定义有

$$\int_0^T R i^2 \mathrm{d}t = R I^2 T$$

由此可得交流电流的有效值为

$$I = \sqrt{\frac{1}{T}\int_0^T i^2 \mathrm{d}t}$$

有效值适用于任何周期性变化的量。当周期电流为正弦量时,即 $i = I_m \sin \omega t$,则

$$I = \sqrt{\frac{1}{T}\int_0^T I_m^2 \sin^2 \omega t \mathrm{d}t}$$

因为

$$\int_0^T \sin^2 \omega t \mathrm{d}t = \int_0^T \frac{1 - \cos 2\omega t}{2}\mathrm{d}t = \frac{1}{2}\int_0^T \mathrm{d}t - \frac{1}{2}\int_0^T \cos 2\omega t \mathrm{d}t = \frac{T}{2} - 0 = \frac{T}{2}$$

所以

$$I = \sqrt{\frac{1}{T} I_m^2 \frac{T}{2}} = \frac{I_m}{\sqrt{2}}$$

同理,可以得到正弦交流电压和电动势的有效值与最大值之间的关系为

$$U = \frac{U_m}{\sqrt{2}}, E = \frac{E_m}{\sqrt{2}}$$

有效值用大写字母 I、U、E 表示,与直流电字母相同,但它表示的是交流电的有效值,即表示了交流电的大小。实用中,凡未作特殊说明时所用的电流、电压、电动势的值,均指有效值。如经常使用的 220 V 照明电压,380 V 动力电压,电机电器铭牌所标电流、电压及电流表、电压表所测数据,均指有效值。

例 3.1.1 已知一正弦交流电流 $i = 5\sqrt{2} \sin 314t$ A,试求最大值 I_m、有效值 I 和 $t = 0$ s 时的瞬时值 i。

解

$$I_m = 5\sqrt{2} \text{ A}$$

$$I = \frac{5\sqrt{2}}{\sqrt{2}} = 5(\text{A})$$

$$i = 5\sqrt{2}\sin 314t = 5\sqrt{2}\sin 100\pi \times 0 = 0(\text{A})$$

由上例可知,正弦交流电的最大值 I_m、有效值 I 和瞬时值 i 在数值大小上是不相等的。

例 3.1.2 若购得一台耐压为 300 V 的电器,是否可用于 220 V 的线路上?

解　电源电压有效值　$U = 220$ V

电源电压最大值　$U_M = 220\sqrt{2} = 311$ V

所以该用电器最高耐压低于电源电压的最大值,所以不能用。

3.1.3　相位、初相位和相位差

交流电随时间变化而变化,在不同时刻 t,具有不同的 $(\omega t + \varphi)$ 值,对应地得到交流电不同的瞬时值。$(\omega t + \varphi)$ 称为交流电的相位角或相位。把 $t = 0$ 这一时刻的相位角称为初相位角,简称初相位,即式中的 φ。对同一个正弦量而言,初相位与所选的计时起点有关,所选的计时起点不同,交流电的初始值($t = 0$ 的值)就不同,到达最大值或某个特定值所需要时间就不同。那么在计算与分析交流电路时,同一个电路中的所有正弦量只能有一个共同的计时起点,通常把初相位为零的正弦量称为参考正弦量。

任何两个同频率的正弦量之间相位角之差或初相位之差称为相位差,用"φ"表示。设有两个同频率的正弦交流电流

$$i_1 = I_{m1}\sin(\omega t + \varphi_{01})$$
$$i_2 = I_{m2}\sin(\omega t + \varphi_{02})$$

即　　　　　$$\varphi = (\omega t + \varphi_{01}) - (\omega t + \varphi_{02}) = \varphi_{01} - \varphi_{02}$$

由此可见,两个同频率的正弦交流电的相位差与时间无关,在正弦量变化过程中的任一时刻都是一个常数。它表明了两个正弦量之间在时间上的超前或滞后关系。在实际应用中,规定用绝对值小于 π 的角来表示相位差。

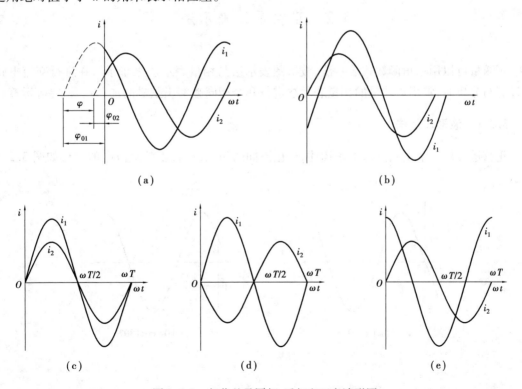

（a）　　　　　　　　　　　　　　　　（b）

（c）　　　　　　　　　（d）　　　　　　　　　（e）

图 3.1.3　相位差及同相、反相和正交波形图

如果 $\varphi = \varphi_{01} - \varphi_{02} > 0$，那么 i_1 超前 i_2，或者 i_2 滞后 i_1。它表明当电流 i_1 达到最大值时，电流 i_2 要经过 $\dfrac{\varphi}{\omega}$ 以后才能达到最大值，如图 3.1.3(a) 所示。如果 $\varphi = \varphi_{01} - \varphi_{02} < 0$，则电流 i_1 滞后 i_2，或者说 i_2 超前 i_1，即当 i_2 达最大值时，i_1 要再过 $\dfrac{\varphi}{\omega}$ 以后，才能达最大值，如图 3.1.3(b) 所示。如果两个正弦交流电的相位差 $\varphi = 0$，那么称两者为同相，如图 3.1.3(c) 所示。

如果两个正弦交流电的相位差 $\varphi = \pi$，那么称两者为反相，如图 3.1.3(d) 所示。如果两个正弦交流电的相位差 $\varphi = \dfrac{\pi}{2}$，那么称两者为正交，如图 3.1.3(e) 所示。

必须指出：电压与电流的相位差应为电压的初相位减去电流的初相位，并规定 $0° \leqslant |\varphi_{u,i}| \leqslant 180°$。

当两个同频率的正弦量计时起点($t = 0$)改变时，它们的相位与初相位将随着改变，但是两者之间的相位差仍保持不变。

例 3.1.3 已知正弦交流电流的解析式分别为：$i_1 = 7 \sin(314t + 30°)$，$i_2 = 8 \sin(314t - 45°)$。试问：i_1 与 i_2 的相位差等于多少？谁超前，谁滞后？

解 i_1 与 i_2 的相位差为：

$$\varphi = \varphi_{i1} - \varphi_{i2} = 30° - (-45°) = 75°$$

所以，i_1 超前 i_2 且超前了 $75°$；或者说 i_2 滞后 i_1 且滞后了 $75°$。

3.2　正弦量的表示法

正弦量可以用三角函数式表示法、波形图表示法与相量表示法来呈示。在进行交流电路的计算与分析时，常用正弦量的相量表示法进行几个相同频率正弦量的加、减、乘、除等运算。

3.2.1　波形表示法

正弦量可用一个正弦波形图来描述，根据不同的初相位角，正弦交流电的波形如图 3.2.1 所示。

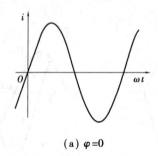 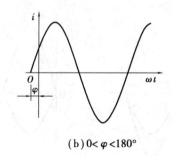

(a) $\varphi = 0$　　　　　　　　　　(b) $0 < \varphi < 180°$

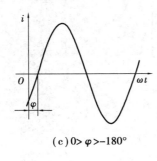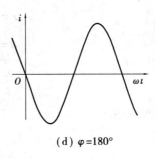

（c）0>φ>-180°　　　　　　（d）φ=180°

图 3.2.1　正弦交流电的波形图

3.2.2　三角函数表示法

正弦量是时间的函数,对应于图 3.2.1 所示的波形,它们的三角函数表达式分别为

$$i_2 = I_m \sin \omega t$$
$$i_2 = I_m \sin(\omega t + \varphi)$$
$$i_3 = I_m \sin(\omega t - \varphi)$$
$$i_4 = I_m \sin(\omega t + \pi)$$

3.2.3　向量表示法

（1）复数简介

复数可表示成 $A = a + bi$。其中 a 为实部,b 为虚部,$i = \sqrt{-1}$ 称为虚部单位。但由于在电路中"i"通常表征电流,因此,这里常用"j"表示虚部单位,这样复数可表示成 $A = a + jb$。

复数可以在复平面内用图形表示,也可以用不同形式的表达式表示。

1）复数的图形表示

①复数用点表示。

任意复数在复平面内均可找到其唯一对应的点。反之,复平面上的任意一点也均代表了一个唯一的复数。如图 3.2.2 可知,$A_1 = 1 + j$;$A_2 = -3$;$A_3 = -3 - j2$;$A_4 = 3 - j$。

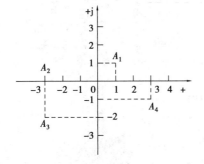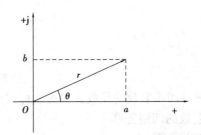

图 3.2.2　复数用点表示　　　　　　图 3.2.3　复数用矢量表示

②复数用矢量表示。

任意复数在复平面内还可用其对应的矢量来表示,如图 3.2.3 所示。矢量的长度称为模,用"r"表示;矢量与实正半轴的夹角称为幅角,用"θ"表示。模与幅角的大小决定了该复数的唯一性。

由图 3.2.3 可知,复数用点表示法与用矢量表示法之间的换算关系为

$$r = \sqrt{a^2 + b^2} \\ \theta = \arctan \dfrac{b}{a} \Big\} \qquad (3.2.1)$$

则

$$a = r\cos\theta \\ b = r\sin\theta \Big\} \qquad (3.2.2)$$

2）复数的四种表达式

①代数式：

$$A = a + jb$$

②三角函数式：

由式(3.2.3)可得

$$A = r\cos\theta + jr\sin\theta$$

③指数式：

由数学中的欧拉公式 $e^{j\theta} = \cos\theta + j\sin\theta$ 得

$$A = \gamma e^{j\theta}$$

④极坐标式：

在电路中，复数的模和幅角通常用更简明的方式表示

$$A = r\angle\theta$$

例 3.2.1 写出 $1, -1, j, -j$ 的极坐标式，并在图 3.2.4 复平面内作出其矢量图。

解 复数 1 的实部为 1，虚部为 0，其极坐标式为 $1 = 1\angle 0°$；

复数 -1 的实部为 -1，虚部为 0，其极坐标式为 $-1 = 1\angle 180°$；

复数 j 的实部为 0，虚部为 1，其极坐标式为 $j = 1\angle 90°$；

复数 $-j$ 的实部为 0，虚部为 -1，其极坐标式为 $-j = 1\angle -90°$。

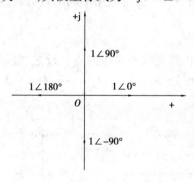

图 3.2.4　矢量图

这就是四个复数的代数式和极坐标式的互换。

3）复数的四则运算

①加减运算。

设有两个复数分别为

$$A = a_1 + jb_1 = r_1\angle\theta_1$$
$$B = a_2 + jb_2 = r_2\angle\theta_2$$

则

$$A \pm B = (a_1 \pm a_2) + j(b_1 \pm b_2)$$

故一般情况下，复数的加减运算应把复数写成代数式。也可用图解法，如图 3.2.5 所示。

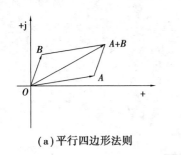
(a)平行四边形法则

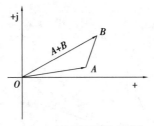
(b)三角形法则（加法）

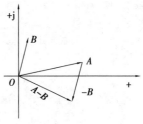
(c)三角形法则（减法）

图 3.2.5　平行四边形法则与三角形法则

例 3.2.2　复数 $A_1 = 5 \angle 53°, A_2 = 3$，求 $A_1 + A_2$ 和 $A_1 - A_2$，并在复平面内画出矢量图。

解　因为　$A_1 = 5 \angle 53° = 3 + \mathrm{j}4; A_2 = 3$

所以　$A_1 + A_2 = (3 + \mathrm{j}4) + 3 = 6 + \mathrm{j}4 = 6.3 \angle 33.7°$

$$A_1 - A_2 = 3 + \mathrm{j}4 - 3 = \mathrm{j}4 = 4 \angle 90°$$

画矢量图如图 3.2.6 所示。

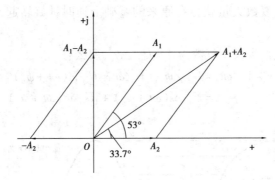

图 3.2.6　矢量图

②乘除运算。

设有两个复数为 $A = r_1 \angle \theta_1, B = r_2 \angle \theta_2$，

则两个复数乘法运算

$$A \cdot B = r_1 r_2 \angle (\theta_1 + \theta_2)$$

两个复数除法运算

$$\frac{A}{B} = \frac{r_i}{r_2} \angle (\theta_1 - \theta_2)$$

故一般情况下,复数的乘除运算应把复数写成较为简便的极坐标式。

(2)正弦量的产生

1)旋转因子

通常把模为 1 的复数称为旋转因子,即 $\mathrm{e}^{\mathrm{j}\theta} = 1 \angle \theta$。取任意复数 $A = r_1 \mathrm{e}^{\mathrm{j}\theta} = r_1 \angle \theta$,

则　　　　　　　　　　　$A \cdot 1 \angle \theta = r_1 \angle (\theta_1 + \theta)$

即任意复数乘以旋转因子后,其模不变,幅角在原来的基础上增加了 θ,这就相当于把该复数逆时针旋转了 θ 角,这一点从图 3.2.7 中可以明显地看出。

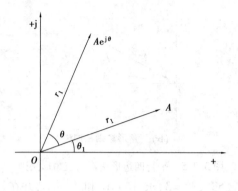

图 3.2.7 旋转因子

2）正弦量的产生

前述分析中旋转因子 $1\angle\theta$ 的幅角 θ 为一常量，此时任意复数乘以该旋转因子后就会旋转 θ 角。假使 $\theta=\omega t$ 是一个随时间匀速变化的角，其角速度为 ω。不难想象，若任意复数乘以这个旋转因子 $1\angle\omega t$ 后，其复数矢量就会在原来的基础上逆时针旋转起来，且旋转的角速度也是 ω。

如图 3.2.8 所示，我们令某一复数为 $A=U_{\mathrm{m}}\angle\psi_{\mathrm{u}}$，那么有

$$A\times1\angle\omega t=U_{\mathrm{m}}\angle\psi_{\mathrm{u}}\times1\angle\omega t=U_{\mathrm{m}}\angle(\omega t+\psi_{\mathrm{u}})$$
$$=U_{\mathrm{m}}\cos(\omega t+\psi_{\mathrm{u}})+\mathrm{j}U_{\mathrm{m}}\sin(\omega t+\psi_{\mathrm{u}}) \tag{3.2.3}$$

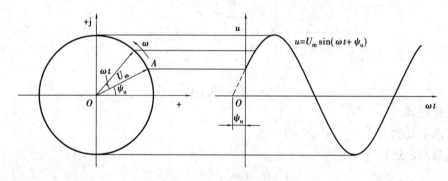

图 3.2.8 正弦量的产生

（3）正弦量的相量表示法

正弦量有三种表示法：三角函数、波形图和相量（包括相量复数式和相量图）。其中，三角函数表达式和波形图我们在前面章节中已经用过，这里主要介绍正弦量的相量表示法。由式（3.2.3）可知，A 匀速旋转后可唯一对应一正弦量，即

$$U_{\mathrm{m}}\angle\psi_{\mathrm{u}}\rightarrow U_{\mathrm{m}}\sin(\omega t+\psi_{\mathrm{u}})$$

同理

$$I_{\mathrm{m}}\angle\psi_{\mathrm{i}}\rightarrow I_{\mathrm{m}}\sin(\omega t+\psi_{\mathrm{i}})$$

例 3.2.3 已知 $i_1=4\sqrt{2}\sin\left(\omega t+\dfrac{\pi}{3}\right)\mathrm{A}$，$i_2=4\sqrt{2}\sin\left(\omega t-\dfrac{\pi}{3}\right)\mathrm{A}$，用旋转矢量图求 $i=i_1+i_2$。

解　作出与 i_1、i_2 相对应的旋转矢量 I_1、I_2，如图 3.2.9 所示。应用平行四边形法则求和，即 $I = I_1 + I_2$，由于 $I_1 = I_2$，并且 I_1 和 I_2 与 x 轴(图中省略了此基准线)正方向的夹角均为 $\dfrac{\pi}{3}$，从图中可以看出 x 轴上、下各为一个等边三角形，则 I 与 I_1、I_2 相等，即

$$I = I_1 = I_2 = 4 \ \text{A}$$

则

$$I_m = \sqrt{2} I = 4\sqrt{2} \ \text{A}$$

又由于 I 与 x 轴正方向一致，即初相位角为 0，从而得到

$$i = i_1 + i_2 = 4\sqrt{2} \sin(\omega t) \text{A}$$

应当指出，只有正弦量才能用旋转矢量来表示，只有同频率正弦量才能借助于平行四边形法则进行旋转矢量加减运算。

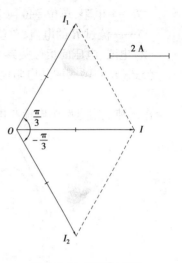

图 3.2.9　旋转矢量图

3.3　单一参数的交流电路

在交流电路中，电压、电流都是随时间按正弦规律变化的，电路中的功率、电场、磁场也都随时间变化。因此，在电路中的电流不仅与电阻有关，而且与这个电路中的电感 L 与电容 C 有关。即在分析和计算交流电路时，R、L、C 这三个参数都必须考虑。

3.3.1　纯电阻电路

纯电阻电路由交流电源和纯电阻元件组成，如图 3.3.1 所示。在日常生活和工作中接触到的白炽灯、电炉、电烙铁等，都属于电阻性负载，它们与交流电源连接组成纯电阻电路。电阻元件为耗能元件，把电能转化为热能散发掉，其转换过程不可逆转。

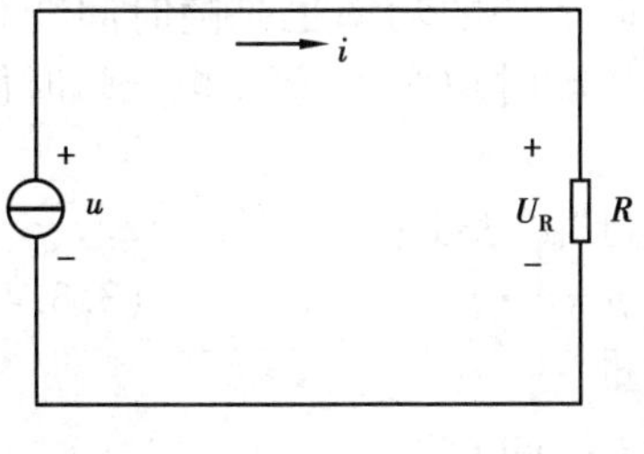

图 3.3.1　纯电阻电路图

（1）**电流、电压间数量关系**

根据欧姆定律，$u = iR$。

设 $u = U_m \sin \omega t$，则

$$i = \frac{u}{R} = \frac{U_m \sin \omega t}{R} = \frac{\sqrt{2} U}{R} \sin \omega t$$

$$u = I_m R \sin \omega t = \sqrt{2} IR \sin \omega t \tag{3.3.1}$$

这表明，纯电阻电路中，交流电流与电压有效值满足欧姆定律，即

$$I = \frac{U}{R} \tag{3.3.2}$$

同时，纯电阻电路中，交流电流与电压最大值也满足欧姆定律，即

$$I_m = \frac{U_m}{R} \tag{3.3.3}$$

式中　u——R 两端的交流电压，单位是伏[特]，符号为 V；

R——电阻,单位是欧[姆],符号为Ω;

i——流过R的电流,单位是安[培],符号为A。

(2)电流、电压间相位关系

公式(3.3.1)表明纯电阻电路中,交流电流与电压相位相同,相位差为零,即

$$\varphi = \varphi_u - \varphi_i = 0$$

作出纯电阻电路中电流与电压的波形图如图3.3.2所示,相量图如图3.3.3所示。

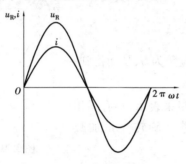

图3.3.2 纯电阻电路波形图   3.3.3 相量图

相量式:

$$\dot{I} = I \angle 0° \qquad \dot{U} = U \angle 0° = \dot{I}R$$

纯电阻电路中,电流与电压同相、电压瞬时值与电流瞬时值之间服从欧姆定律。只有在纯电阻电路中,任何时刻的电压、电流值服从欧姆定律。

(3)纯电阻电路的功率

在纯电阻交流电路中,当电流i流过电阻R时,电阻上要产生热量,把电能转化为热能,电阻上必然有功率消耗。由于流过电阻的电流和电阻两端的电压都是随时间变化的,所以电阻上消耗的功率也是随时间变化的。某一时刻的功率叫作瞬时功率,它等于电压瞬时值与电流瞬时值的乘积。

瞬时功率用小写字母"p"表示:

$$p = u \cdot i \qquad (3.3.4)$$

以电流为参考正弦量

$$i = I_m \sin \omega t$$

则R两端电压为

$$u = U_m \sin \omega t$$

将i、u代入式(3.3.4)中得

$$
\begin{aligned}
p &= u \cdot i \\
&= U_m I_m \sin^2 \omega t \\
&= \frac{1}{2} U_m I_m (1 - \cos 2\omega t)
\end{aligned}
$$

$$(3.3.5)$$

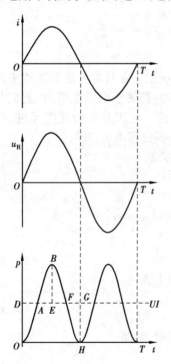

图3.3.4 瞬时功率曲线

按照上式作出瞬时功率曲线,如图3.3.4所示。瞬时功率的大小随时间作周期性变化,变化的频率是电流或电压的2倍,它表示出任一时刻电路

中能量转换的快慢程度。

由式(3.3.5)可知,电流、电压同相,功率 $p \geqslant 0$,其中最大值是 $2UI$,最小值是零。

由于瞬时功率是随时间变化的,测量和计算都不方便,因此在实际工作中常用平均功率。瞬时功率在一个周期内的平均值称为平均功率,用大写字母"P"表示。

从图 3.3.4 中可以看出图形 ABE 的面积与图形 OAD 的面积相等,因而 ABE 的面积刚好填补上 OAD 的面积。同样,BEF 的面积也将填补 FGH 的面积,瞬时功率平均值为图中所示的 UI 这条虚线,它不随时间变化。这样,纯电阻电路的平均功率 P 为

$$P = UI \tag{3.3.6}$$

根据欧姆定律有

$$I = \frac{U}{R}, U = IR$$

平均功率还可以表示为

$$P = UI = RI^2 = \frac{U^2}{R} \tag{3.3.7}$$

式中　U——R 两端电压有效值,单位是伏[特],符号为 V;

　　　I——流过电阻的电流有效值,单位是安[培],符号为 A;

　　　R——用电器的电阻值,单位是欧[姆],符号为 Ω;

　　　P——电阻消耗的功率,单位是瓦[特],符号为 W。

电阻是耗能性元件,电阻消耗电能说明电流做了功,从做功的角度来讲又把平均功率叫作有功功率。

通过以上讨论,可以得到如下结论:

①纯电阻交流电路中,电流和电压是同频率的正弦量,而且它们同相位。

②电压与电流的最大值、有效值和瞬时值之间,都服从欧姆定律。

③有功功率等于电流有效值与电阻两端电压的有效值之积。

例 3.3.1　将一个阻值为 55 Ω 的电阻丝,接到电压 $u = 311 \sin\left(100\pi t - \dfrac{\pi}{3}\right)$ V 的交流电源上,通过电阻丝的电流是多少?写出电流的三角函数表达式,并求出平均功率 P。

解　由电源电压 $u = 311 \sin\left(100\pi t - \dfrac{\pi}{3}\right)$ 可知

$$U_{\mathrm{m}} = 311 \text{ V}$$

电阻两端的电压有效值为

$$U = \frac{U_{\mathrm{m}}}{\sqrt{2}} = \frac{311}{1.141} \approx 220 \, (\text{V})$$

流过电阻丝的电流有效值为

$$I = \frac{U}{R} = \frac{220}{55} = 4 \, (\text{A})$$

由于电流与电压同相,电流的三角函数表达式为

$$i = 4\sqrt{2} \sin\left(100\pi t - \frac{\pi}{3}\right) \text{A}$$

其平均功率为

$$P = UI = 220 \times 4 = 880 \, (\text{W})$$

71

3.3.2 纯电感电路

一个忽略了电阻和分布电容的空心线圈,与交流电源连接组成的电路叫作纯电感电路,如图 3.3.5 所示。

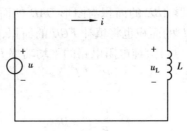

图 3.3.5　纯电感电路

(1)电流、电压间数量关系

纯电感电路是理想电路。实际的电感线圈都有一定的电阻,当电阻可以忽略不计时,电感线圈与交流电源连接成的电路可以视为纯电感电路。其电压与电流成正比,即

$$U_L = X_L I \tag{3.3.8}$$

式中　U_L——电感线圈两端的电压有效值,单位是伏[特],符号为 V;

　　　I——通过线圈的电流有效值,单位是安[培],符号为 A;

　　　X_L——电感的电抗,简称感抗,单位是欧[姆],符号为 Ω。

上式叫作纯电感电路的欧姆定律。电感元件是储能元件,把从电路中吸收的能量转化为磁场能储存起来,在一定条件下又放出能量送回电路。

感抗表示线圈对通过的交流电所呈现的阻碍作用。值得注意的是,虽然感抗 X_L 和电阻 R 的作用相似,但是它与电阻 R 对电流的阻碍作用有本质的区别。线圈的感抗表示线圈所产生的自感电动势对通过线圈的交变电流的反抗作用,它只在正弦交流电路中才有意义。

将式(3.3.8)两端同时乘以 $\sqrt{2}$,得到

$$U_m = X_L I_m \tag{3.3.9}$$

这说明纯电感电路中,电流、电压的最大值也服从欧姆定律。

理论和实验证明,感抗的大小与电源频率成正比,与线圈的电感成正比。感抗的公式为

$$X_L = \omega L = 2\pi f L \tag{3.3.10}$$

式中　f——电源频率,单位是赫[兹],符号为 Hz;

　　　L——线圈的电感,单位是亨[利],符号为 H;

　　　X_L——线圈的感抗,单位是欧[姆],符号为 Ω。

由式(3.3.10)可知,当交流电的频率越高,即 f 越大,$\dfrac{\Delta i}{\Delta t}$ 越大,线圈中产生的自感电动势就越大,对电路中的电流所呈现的阻碍作用也就越大。而对直流电,它的频率 $f = 0$,则 $X_L = 0$。因此,直流电路中的电感线圈可视为短路。电感线圈的这种“通直流、阻交流;通低频、阻高频”的性能广泛应用在电子技术中。

(2)电流、电压间相位关系

在纯电感元件两端加一个正弦电压,在电路中就要产生一个正弦电流,由于电流的变化,在电感元件上产生感应电动势,得到一个与外加电压相同的感应电压,它的外加电压与电流之

间的关系为

$$u_{\mathrm{L}} = L \frac{\mathrm{d}i}{\mathrm{d}t}$$

设通过线圈中的电流为

$$i = I_{\mathrm{m}} \sin \omega t$$

则

$$u_{\mathrm{L}} = L \frac{\mathrm{d}}{\mathrm{d}t} I_{\mathrm{m}} \sin(\omega t) = \omega L I_{\mathrm{m}} \cos(\omega t) = \omega L I_{\mathrm{m}} \sin(\omega t + 90°)$$

$$= U_{\mathrm{m}} \sin(\omega t + 90°) \tag{3.3.11}$$

根据电流和电压的解析式,作出电流和电压的波形图以及它们的相量图,分别如图3.3.6、图3.3.7所示。在纯电感电路中,电压超前电流$\dfrac{\pi}{2}$。

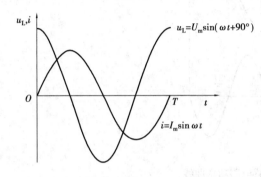

图3.3.6　纯电感电路电流、电压波形图　　　　图3.3.7　纯电感电路电流、电压相量图

(3)纯电感电路的功率

纯电感电路中的瞬时功率等于电压瞬时值与电流瞬时值的乘积,即

$$p = u \cdot i$$

将$i = I_{\mathrm{m}} \sin(\omega t)$和$u_{\mathrm{L}} = U_{\mathrm{m}} \sin(\omega t + 90°)$代入上式,得

$$p = U_{\mathrm{m}} \sin(\omega t + 90°) \cdot I_{\mathrm{m}} \sin(\omega t) = 2UI \cos(\omega t) \cdot \sin(\omega t)$$

$$= UI \sin(2\omega t) \tag{3.3.12}$$

由式(3.3.12)可以看出,纯电感电路的瞬时功率p是随时间按正弦规律变化的,其频率为电源频率的2倍,振幅为UI,其波形图如图3.3.8所示。

平均功率值可通过曲线与t轴所包围面积的和来求。曲线在t轴上方,表明$P>0$;曲线在t轴下方,表明$P<0$。图中OAB的面积与BCD的面积相等,并且分居在t轴上、下两侧,它们的符号相反,这两部分的和为零,说明纯电感电路中平均功率为零,即纯电感电路的有功功率为零。其物理意义是,纯电感在交流电路中不消耗电能。

虽然纯电感电路不消耗能量,但是电感线圈L和电源之间在不停地进行着能量交换。在$0 \sim \dfrac{T}{4}$和$\dfrac{T}{2} \sim \dfrac{3}{4}T$这两个$\dfrac{1}{4}$周期中,由于电流不断增加,因此电感线圈的磁场不断增强,它所储存的磁场能量就不断增加。

磁场所储存的能量是电感线圈L从电源吸取了电能转变为磁场能的。另外,从波形图中可以看出,在这两个$\dfrac{1}{4}$周期内,u_{L}和i的方向相同,瞬时功率p是正值,这表示电感线圈L从电源吸取了能量,并把它转变为磁场能并储存在线圈中。

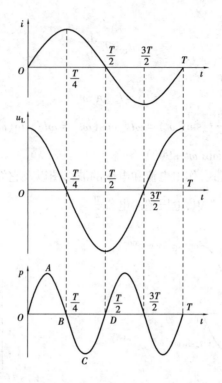

图 3.3.8　纯电感电路功率曲线

在 $\frac{T}{4} \sim \frac{T}{2}$ 和 $\frac{3}{4}T \sim T$ 这两个 $\frac{1}{4}$ 周期中,电流的绝对值是不断减小的,这样电感线圈的磁场

强度和它所储存的磁场能也随着减少,磁场能就转化为电能送还给电源。另外,在这两个 1/4

周期内,u_L 和 i 的方向相反,p 是负值,这表示电感线圈把它的磁场能又送还给电源,即电感线

圈 L 释放出能量。

对于不同的电源和不同的电感线圈,它们之间能量转换的多少不同。为反映出纯电感电

路中能量的相互转换,把单位时间内能量转换的最大值(即瞬时功率的最大值),叫作无功功

率,用符号"Q_L"表示:

$$Q_L = U_L I \tag{3.3.13}$$

式中　U_L——线圈两端的电压有效值,单位是伏[特],符号为 V;

　　　　I——通过线圈的电流有效值,单位是安[培],符号为 A;

　　　　Q_L——感性无功功率,单位是乏,符号为 var。

电感性无功功率的公式也写成

$$Q_L = \frac{U_L^2}{X_L} = X_L I^2$$

必须指出,无功功率中"无功"的含义是"交换"而不是"消耗",它是相对于"有功"而言

的。它实质上是表明电路中能量交换的最大速率。无功功率在工农业生产中占有很重要的地

位,具有电感性质的变压器、电动机等设备都是靠电磁转换工作的。因此,如果没有无功功率,

即没有电源和磁场间的能量转换,这些设备就无法工作。

通过以上讨论,可以得出如下几点结论:

①在纯电感的交流电路中,电流和电压是同频率的正弦量。(在直流电路中电感电压恒为零,相当于短路。)

②电压 u_L 与电流的变化率 $\dfrac{\Delta i}{\Delta t}$ 成正比,电压超前电流 $\dfrac{\pi}{2}$。

③电流、电压最大值和有效值之间都服从欧姆定律,而瞬时值不服从欧姆定律,要特别注意 $X_L \neq \dfrac{u_L}{i}$。

④电感是储能元件,它不消耗电能,其有功功率为零,无功功率等于电压有效值与电流有效值之积。

⑤平均功率(有功功率)。

$$P = \frac{1}{T}\int_0^T p\,\mathrm{d}t$$
$$= \frac{1}{T}\int_0^T UI\sin(2\omega t)\,\mathrm{d}t = 0\,(\mathrm{W})$$

结论:在正弦交流电路中,纯电感元件不消耗能量,只和电源进行能量交换(能量的吞吐)。

例 3.3.2　把一个 $L = 0.1\ \mathrm{H}$ 的电感接到 $f = 50\ \mathrm{Hz}$,$U = 10\ \mathrm{V}$ 的正弦电源上,求电流 I。如保持 U 不变,而电源变为 $f = 5\ 000\ \mathrm{Hz}$,这时电流 I 为多少?

解　①当 $f = 50\ \mathrm{Hz}$ 时,

感抗

$$X_L = 2\pi fL = 2 \times 3.14 \times 50 \times 0.1 = 31.4\,(\Omega)$$

电流

$$I = \frac{U}{X_L} = \frac{10}{31.4} = 318\,(\mathrm{mA})$$

②当 $f = 5\ 000\ \mathrm{Hz}$ 时,

感抗

$$X_L = 2\pi fL = 2 \times 3.14 \times 5\ 000 \times 0.1 = 3\ 140\,(\Omega)$$

电流

$$I = \frac{U}{X_L} = \frac{10}{3\ 140} = 3.18\,(\mathrm{mA})$$

所以电感元件具有通低频阻高频的特性。

3.3.3　纯电容电路

把电容器接到交流电源上,如果电容器的漏电电阻和分布电感可以忽略不计,这种电路叫作纯电容电路,如图 3.3.9 所示。

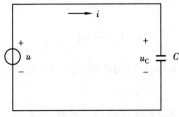

图 3.3.9　纯电容电路

（1）电流、电压间数量关系

电容元件是储能元件，把从电路中吸收的能量转化为电场能储存起来，在一定条件下又放出能量送回电路。其电压与电流成正比，即

$$U_C = X_C I \tag{3.3.14}$$

式中　U_C——电容器两端电压的有效值，单位是伏［特］，符号为 V；

　　　I——电路中的电流有效值，单位是安［培］，符号为 A；

　　　X_C——电容的电抗，简称容抗，单位是欧［姆］，符号为 Ω。

上式叫纯电容电路的欧姆定律。容抗表示电容器对电路中的交流电流所呈现的阻碍作用。

将式（3.3.14）两端同时乘以 $\sqrt{2}$，得

$$U_{Cm} = X_C I_m \tag{3.3.15}$$

这说明纯电容电路中，电流、电压的最大值也服从欧姆定律。

理论和实验证明，容抗的大小与电源频率成反比，与电容器的电容成反比。容抗的公式为

$$X_C = \frac{1}{2\pi f C} \tag{3.3.16}$$

式中　f——电源频率，单位是赫［兹］，符号为 Hz；

　　　C——电容器的电容，单位是法［拉］，符号为 F；

　　　X_C——电容器的容抗，单位是欧［姆］，符号为 Ω。

对直流电，它的频率 $f = 0$，则 X_C 趋于无穷大，可视为断路。对交流电，当它的频率 f 上升时，则容抗 X_C 减小。故电容器具有通交流、阻直流的特点。

根据电容器的电容定义式 $C = \dfrac{Q}{U_C}$，可以得到电荷量的变化与电容和电压变化的关系式：

$$\Delta q = C \Delta u_C$$

则纯电容电路中的电流为

$$i = \frac{\Delta q}{\Delta t} = C \frac{\Delta u_C}{\Delta t} \text{或} \ i = C \frac{du}{dt}$$

可根据上式，仿照纯电感电路电流、电压相位关系的分析方法，得出结论：纯电容电路中电流相位超前电压相位 $\dfrac{\pi}{2}$。

设电容器两端的电压为

$$u_C = U_m \sin(\omega t)$$

则电路中的电流为

$$i = I_m \sin\left(\omega t + \frac{\pi}{2}\right)$$

电流、电压的波形图和旋转矢量图分别如图 3.3.10 和图 3.3.11 所示。

（2）纯电容电路的功率

纯电容电路的瞬时功率等于电压瞬时值与电流瞬时值之积，即

$$p = ui$$

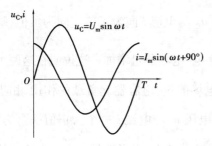

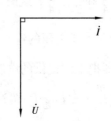

图 3.3.10　纯电容电路电流、电压波形图　　　图 3.3.11　纯电容电路电流、电压旋转矢量图

将 $u_C = U_m \sin(\omega t)$ 和 $i = I_m \sin\left(\omega t + \dfrac{\pi}{2}\right)$ 代入上式,得

$$
\begin{aligned}
p &= U_m \sin(\omega t) I_m \sin\left(\omega t + \frac{\pi}{2}\right) = \sqrt{2}\, U \sin(\omega t) \times \sqrt{2} I \cos(\omega t) \\
&= UI \times 2\, \sin(\omega t)\cos(\omega t) \\
&= UI \sin(2\omega t)
\end{aligned} \tag{3.3.17}
$$

由上式可以看出,纯电容电路的瞬时功率 P 是随时间按正弦规律变化的,它的频率为电压(或电流)频率的 2 倍,振幅为 UI,波形图如图 3.3.12 所示。从图中可以看出,纯电容电路的有功功率为零,这说明纯电容电路不消耗电能。

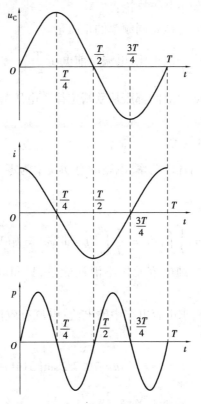

图 3.3.12　纯电容电路功率曲线

同纯电感电路相似,虽然纯电容电路不消耗能量,但是电容器和电源之间进行着能量交

换。在 $0 \sim \frac{T}{4}$ 和 $\frac{T}{2} \sim \frac{3}{4}T$ 这两个 $\frac{1}{4}$ 周期内,由于电压 u_C 与电流 i 同为正值或同为负值,瞬时功率 p 为正值。由于电压的绝对值是增加的,电容器充电,电场能量增加。这说明在这两个 $\frac{1}{4}$ 周期内,电容器把电源提供的电能转换成电容器中的电场能量,电容器起负载的作用,相当于吸收能量。在 $\frac{T}{4} \sim \frac{T}{2}$ 和 $\frac{3}{4}T \sim T$ 这两个 $\frac{1}{4}$ 周期内,由于电压 u_C 与电流 i 一个为正值一个为负值,瞬时功率 p 为负值。由于这时电压的绝对值减小,电容器放电,电场能量减少。电容器把原来储存的电场能量还给电源。为了表示电容器与电源能量交换的多少,把瞬时功率的最大值叫作纯电容电路的无功功率,即

$$Q_C = U_C I \tag{3.3.18}$$

式中　U_C——电容器两端电压有效值,单位是伏[特],符号为 V;

I——电路中电流有效值,单位是安[培],符号为 A;

Q_C——容性无功功率,单位是乏,符号为 var。

电容性无功功率的公式也写成

$$Q_C = \frac{U_C^2}{X_C} = X_C I^2$$

通过以上讨论,可以得出如下几点结论:

①在纯电容电路中,电流和电压是同频率的正弦量。

②电流 i 与电压的变化率 $\frac{\Delta u_C}{\Delta t}$ 成正比,电流超前电压 $\frac{\pi}{2}$。

③电流、电压最大值和有效值之间都服从欧姆定律。电压与电流瞬时值因相位相差 $\frac{\pi}{2}$,但不服从欧姆定律,要特别注意:$X_C \neq \frac{u_C}{i}$。

④电容是储能元件,它不消耗电功率,电路的有功功率为零。无功功率等于电压有效值与电流有效值之积。

⑤平均功率(有功功率)P

$$P = \frac{1}{T}\int_0^T p\,\mathrm{d}t = \frac{1}{T}\int_0^T UI\sin 2\omega t = 0\,(\mathrm{W})$$

结论:在正弦交流电路中,纯电容元件不消耗能量,只和电源进行能量交换(能量的吞吐)。

例 3.3.3　已知:$C = 1\ \mu\mathrm{F}$,求电容电路中的电流:电流有效值 I、瞬时值 i,画出电压、电流向量图。

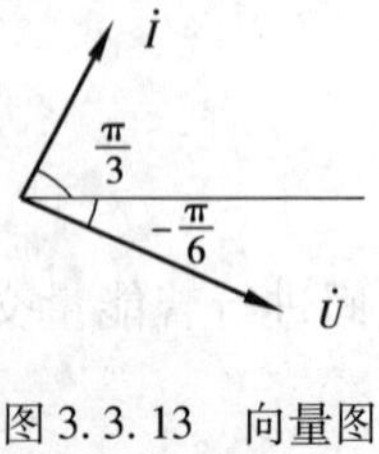

图 3.3.13　向量图

解

$$u = 70.7\sqrt{2}\sin\left(314t - \frac{\pi}{6}\right)$$

$$X_C = \frac{1}{\omega C} = \frac{1}{314 \times 10^{-6}} = 3\,180\,(\Omega)$$

电流有效值 $I = \frac{U}{X_C} = \frac{707}{3\,180} = 22.2\,(\mathrm{mA})$

瞬时值：$i = 22.2\sqrt{2}\sin\left(314t - \dfrac{\pi}{6} + \dfrac{\pi}{2}\right)$

$\qquad\qquad = 22.2\sqrt{2}\sin\left(314t + \dfrac{\pi}{3}\right)(\text{mA})$

例 3.3.4　设有一电容器，其电容 $C = 38.5\ \mu\text{F}$，电阻可忽略不计，接于 50 Hz、220 V 的电压上。

试求：该电容的容抗；电路中的电流 I 及其与电压的相位差；电容的无功功率。若外加电压的数值不变，频率变为 5 000 Hz，重求以上各项。

解　$X_{\text{C}} = 1/(2\pi f C) = 80\ \Omega$；

电流有效值为 $I = U/X_{\text{C}} = 2.75\ \text{A}$，电流相位超前电压 90°；

无功功率 $Q = UI = 605\ \text{var}$；

当频率增大到原来的 100 倍，容抗减小为原来的 1/100；电流、无功功率增大到 100 倍。

3.4　RLC 串联交流电路

RLC 串联电路是指电阻、电感和电容的串联电路，包含了三个不同的电路参数，是在实际工作中常常遇到的典型电路，供电系统中的补偿电路和电子技术中的串联谐振电路都属于这种电路。RLC 串联电路如图 3.4.1 所示。

由于纯电阻电路中电压与电流同相，纯电感电路中电压的相位超前电流 $\dfrac{\pi}{2}$，电容两端电压滞后电流 $\dfrac{\pi}{2}$，又因为串联电路中电流处处相同，所以 RL 串联电路中，各电压间相位不相同，电流与总电压的相位也不相同。

设通过 RLC 串联电路的电流为

$$i = I_{\text{m}}\sin(\omega t)$$

则电阻两端电压为

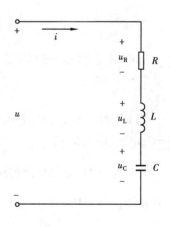

图 3.4.1　RLC 串联电路

$$u_{\text{R}} = RI_{\text{m}}\sin(\omega t)$$

电感两端电压为

$$u_{\text{L}} = X_{\text{L}}I_{\text{m}}\sin\left(\omega t + \dfrac{\pi}{2}\right)$$

电容两端电压为

$$u_{\text{C}} = X_{\text{C}}I_{\text{m}}\sin\left(\omega t - \dfrac{\pi}{2}\right)$$

电路总电压瞬时值等于各个元件上电压瞬时值之和，即

$$u = u_{\text{R}} + u_{\text{L}} + u_{\text{C}}$$

$$= iR + L\dfrac{\text{d}i}{\text{d}t} + \dfrac{1}{C}\int i\,\text{d}t$$

所以

$$u = \sqrt{2}\,IR\,\sin\omega t$$
$$+ \sqrt{2}\,I(\omega L)\sin(\omega t + 90°)$$
$$+ \sqrt{2}\,I\left(\frac{1}{\omega C}\right)\sin(\omega t - 90°)$$

3.4.1 RLC 串联电路电压间的关系

作出与 i、u_R、u_L 和 u_C 相对应的旋转矢量图,如图 3.4.2 所示。应用平行四边形法则求出总电压的旋转矢量 U。从图中可以看出总电压与分电压之间的关系为

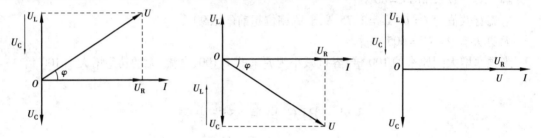

图 3.4.2 RLC 串联电路旋转矢量图

$$U = \sqrt{U_R^2 + (U_L - U_C)^2} \tag{3.4.1}$$

总电压与电流间的相位差为

$$\varphi = \arctan\frac{U_L - U_C}{U_R} \tag{3.4.2}$$

当 $U_L > U_C$,则 $\varphi > 0$,电压超前电流;当 $U_L < U_C$,则 $\varphi < 0$,电压滞后电流;当 $U_L = U_C$,则 $\varphi = 0$,电压、电流同相。

3.4.2 RLC 串联电路的阻抗

将 $U_R = RI$、$U_L = X_L I$、$U_C = X_C I$ 代入式(3.4.1)中,得到

$$U = \sqrt{(RI)^2 + (X_L I - X_C I)^2} = I\sqrt{R^2 + (X_L - X_C)^2}$$

整理上式得

$$I = \frac{U}{\sqrt{R^2 + (X_L - X_C)^2}} = \frac{U}{\sqrt{R^2 + X^2}} = \frac{U}{|Z|} \tag{3.4.3}$$

式中　U——电路总电压的有效值,单位是伏[特],符号为 V;

I——电路中电流的有效值,单位是安[培],符号为 A;

$|Z|$——电路总阻抗(Z 的模),单位是欧[姆],符号为 Ω。

电抗 $X = X_L - X_C$,是电感与电容共同作用的结果。电抗的单位是[欧姆]。

RLC 串联电路中,阻抗、电阻、感抗和容抗间的关系为

$$|Z| = \sqrt{R^2 + (X_L - X_C)^2} = \sqrt{R^2 + X^2} \tag{3.4.4}$$

阻抗 $|Z|$、电阻 R 和电抗 X 组成一个直角三角形,称为阻抗三角形,如图 3.4.3 所示。阻抗三角形也可以由电压三角形三边同时除以电流有效值 I 得到,阻抗三角形和电压三角形是相似三角形。阻抗角为

$$\varphi = \arctan \frac{X_L - X_C}{R} = \arctan \frac{X}{R} \qquad (3.4.5)$$

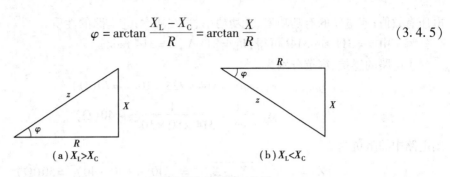

图 3.4.3 RLC 串联电路的阻抗三角形

由上式可知,阻抗角的大小决定于电路参数 R、L、C,以及电源频率 f,电抗 X 的值决定电路和性质。下面分三种情况讨论:

①当 $X_L > X_C$ 时,$X > 0$,$\varphi = \arctan \dfrac{X}{R} > 0$,即总电压 u 超前电流 i,电路呈感性。

②当 $X_L < X_C$ 时,$X < 0$,$\varphi = \arctan \dfrac{X}{R} < 0$,即总电压 u 滞后电流 i,电路呈容性。

③当 $X_L = X_C$ 时,$X = 0$,$\varphi = \arctan \dfrac{X}{R} = 0$,即总电压 u 与电流 i 同相,电路呈电阻性。电路的这种状态称谐振。

3.4.3 RLC 串联电路的功率

在 RLC 串联电路中,流过电感和电容的是同一个电流,而电感两端电压 u_L 与电容两端电压 u_C 相位相反,感性无功功率 Q_L 与容性无功功率 Q_C 是可以互相补偿的。当 Q_L 为正值时,Q_C 为负值;当 Q_L 为负值时,Q_C 为正值。即电感线圈放出的能量被电容器吸收,以电场能的形式储存在电容器中;电容器放出的能量又被电感线圈吸收,以磁场能的形式储存在线圈中,减轻了电源的负担。电路中的无功功率为两者之差,即

$$Q = Q_L - Q_C$$

在 RLC 串联电路中,存在着有功功率 P、无功功率 Q_L 和 Q_C、视在功率 S,它们分别为

$$\left. \begin{aligned} P &= U_R I = RI^2 = UI \cos \varphi \\ Q &= (U_L - U_C)I = (X_L - X_C)I^2 = UI \sin \varphi \\ Q &= (U_L - U_C)I = U_L I - U_C I = Q_L - Q_C \\ S &= UI \end{aligned} \right\} \qquad (3.4.6)$$

在 RLC 串联电路总电压与总电流有效值的乘积为视在功率 S。单位:伏安,符号为 $V \cdot A$。

如果将电压三角形的三边同时乘以电流有效值 I,就可以得到由视在功率 S、有功功率 P 和无功功率 Q 组成的直角三角形——功率三角形。

$$\left. \begin{aligned} S &= \sqrt{P^2 + Q^2} \\ \varphi &= \arctan \frac{Q}{P} \end{aligned} \right\} \qquad (3.4.7)$$

例 3.4.1 在如图 3.4.1 所示的 RLC 串联电路中,电阻为 40 Ω,电感为 223 mH,电容为 80 μF,电路两端的电压 $u = 311 \sin 314t$。试求:①电路的阻抗;②电流有效值;③各元件两端

电压有效值;④电路的有功功率、无功功率、视在功率;⑤电路的性质。

解 由 $u = 311 \sin 314t$ 可得:$U_m = 311$ V,$\omega = 314$ rad/s。

①电路的感抗、容抗分别为

$$X_L = \omega L = 314 \times 223 \times 10^{-3} \approx 70(\Omega)$$

$$X_C = \frac{1}{\omega C} = \frac{1}{314 \times 80 \times 10^{-6}} \approx 40(\Omega)$$

则电路中的阻抗为

$$|Z| = \sqrt{R^2 + (X_L - X_C)^2} = \sqrt{40^2 + (70 - 40)^2} = 50(\Omega)$$

②电压有效值为

$$U = \frac{U_m}{\sqrt{2}} = \frac{311}{\sqrt{2}} \approx 220(V)$$

则电路中的电流的有效值为

$$I = \frac{U}{|Z|} = \frac{220}{50} = 4.4(A)$$

③各元件两端电压有效值分别为

$$U_R = RI = 40 \times 4.4 = 176(V)$$

$$U_L = X_L I = 70 \times 4.4 = 308(V)$$

$$U_C = X_C I = 40 \times 4.4 = 176(V)$$

④电路的有功功率、无功功率和视在功率分别为

$$P = RI^2 = 40 \times 4.4^2 = 774.4(W)$$

$$Q = (X_L - X_C)I^2 = (70 - 40) \times 4.4^2 = 580.8(var)$$

$$S = UI = 220 \times 4.4 = 968(V \cdot A)$$

⑤阻抗角 φ 为

$$\varphi = \arctan \frac{X_L - X_C}{R} = \arctan \frac{70 - 40}{40} = \arctan 0.75 \approx 36.9°$$

由于阻抗角 φ 大于零,电压超前电流,电路呈感性。

3.5 串联谐振

由前面的分析可知,在 RLC 串联电路中,电源的端电压与电路中的总电流一般是不同相位的。如果不断调节电源的频率或者调节 L、C 参数,一旦当电路中的感抗 X_L 与容抗 X_C 相等时,电路中的电压与电流同相位,这时电路呈电阻性,这种现象称为谐振现象。由于是在 R、L、C 串联时发生电压与电流同相位,故称串联谐振。谐振是交流电路中固有的现象。研究谐振的目的,在于找出产生谐振的条件与特点,并在实际工作中加以利用,同时又可避免谐振在某种情况下可能产生的危害。

3.5.1 谐振条件

在 RLC 串联电路中,当满足条件 $X_L = X_C$ 时,即有 $U_L = U_C$,由于它们的相位相反,两者的

相量之和等于零，所以电源电压就等于电阻上的电压，即 $U = U_R$，此时电源电压 U 的相位与电流 I 的相位差为 0，即 $\varphi = 0$，如图 3.5.1 所示。

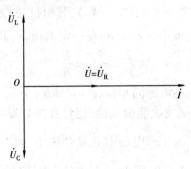

图 3.5.1　串联谐振时的相量图

3.5.2　谐振频率

由谐振条件 $X_L = X_C$，得

$$\omega_0 L = \frac{1}{\omega_0 C}$$

即

$$2\pi f_0 L = \frac{1}{2\pi f_0 C}$$

由此可得到谐振频率

$$f_0 = \frac{1}{2\pi \sqrt{LC}}$$

由上式可知，改变 L、C 两个参数中的任意一个，谐振频率将随之改变。如果电路参数 L、C 都一定，电源频率可调，那只要调到 $f_0 = \dfrac{1}{2\pi\sqrt{LC}}$ 时电路即发生谐振。若电源频率一定，参数 L、C 可调，那也能调到发生谐振的这一点。图 3.5.2(a) 所示为 X_L 和 X_C 随频率 f 变化的曲线，两曲线的交点即为谐振频率 f_0。其谐振曲线即串联电路中电流 I 随频率 f 变化的曲线，如图 3.5.2(b) 所示。

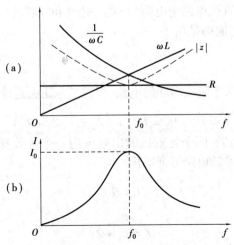

图 3.5.2　阻抗与电流等随频率变化曲线

3.5.3 串联谐振电路的特征

由谐振条件得谐振复阻抗 $Z_0 = R + j(X_L - X_C)$,其阻抗值 $|Z| = R$。

①串联谐振时,电路中阻抗最小, $|Z| = R$,在一定电压下,此时电路中的电流最大。

$$I_0 = \frac{U}{|Z|} = \frac{U}{R}$$

②串联谐振时,电路中电压与电流同相位, $\varphi = 0$, $\cos \varphi = 1$,电路呈电阻性。此时电路的无功功率为 L 和 C 不再和电源之间发生能量互换,能量互换只发生在 L 和 C 之间。

③由于谐振电流 $I_0 = \frac{U}{Z} = \frac{U}{R}$,如果电路中电阻 R 很小,则 I_0 将很大。若电路中感抗 X_L 与容抗 X_C 比电阻大得多,即 $X_L = X_C I_x R$,则 $U_L = U_C I_1 U$。也就是说,在电感和电容两端产生的电压将大大超过电源电压,所以串联谐振又称为电压谐振。在电力工程中,这种高电压将会击穿电感线圈和电容器的绝缘层而损坏设备,因此,在电力工程中应避免电压谐振或接近电压谐振的发生。但在电信工程方面,通常外来信号非常微弱,常利用串联谐振来获得某一频率信号的较高电压。例如,无线电收音机的接收回路就是用改变电容 C 的办法,使之对某一电台发射的频率信号发生谐振,从而达到选择此电台的目的;而电视机通常是通过调整电感 L 来达到选台的目的。为了衡量电路在这方面的能力,可以用品质因数 Q 这个物理量来衡量。品质因数 Q 的物理意义是:当电路发生串联谐振时,电感 L 或电容 C 上的电压是电源电压的多少倍。即

$$Q = \frac{U_C}{U} = \frac{U_L}{U} = \frac{1}{\omega_0 RC} = \frac{\omega_0 L}{R}$$

可见, Q 值越高,电感 L 或电容 C 两端的电压与电源电压的比值越高。在实际电路中, R 通常是线圈本身的电阻,一般很小,故 Q 值可以大到几十倍甚至几百倍。

3.6 复阻抗的串联、并联和混联

在交流电路中,阻抗的连接形式是多种多样的,其中最简单的是阻抗的串联、并联和混联。阻抗的串联、并联和混联与直流电路中电阻的串联、并联和混联的形式很相似。只是在交流电路中,负载是复阻抗,电压电流都是相量。

3.6.1 复阻抗的串联

如图 3.6.1(a)所示为两个阻抗串联的电路,根据基尔霍夫定律可写出它的相量表达式

$$\dot{U} = \dot{U}_1 + \dot{U}_2 = \dot{I} Z_1 + \dot{I} Z_2 = \dot{I}(Z_1 + Z_2)$$

与电阻串联的形式很相似,两个复阻抗的串联可用一个等效复阻抗 Z 来代替,等效电路如图 3.6.1(b)所示。根据等效电路可列写出

$$\dot{U} = \dot{I} Z$$

其等效复阻抗为

$$Z = Z_1 + Z_2$$

必须指出,图中 $\dot{U} = \dot{U}_1 + \dot{U}_2$,但是 $U \neq U_1 + U_2$,所以 $|Z| \neq |Z_1| + |Z_2|$。

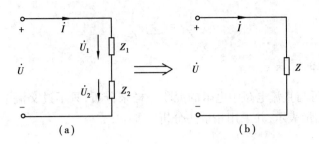

图 3.6.1　复阻抗的串联和等效电路

若有 k 个复阻抗相串联,则它的等效复阻抗可写为

$$Z = \sum Z_k = \sum R_k + j \sum X_k = |Z| \angle \varphi$$

式中

$$z = \sqrt{\left(\sum R_k \right)^2 + \left(\sum X_k \right)^2}$$

$$\varphi = \arctan \frac{\sum X_k}{\sum R_k}$$

注意:在上列各式的 X_k 中,感抗 X_L 取正,容抗 X_C 取负。

3.6.2　复阻抗的并联

两个阻抗并联的电路如图 3.6.2(a)所示。

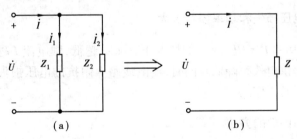

图 3.6.2　复阻抗的并联和等效电路

根据基尔霍夫电流定律可写出它的相量表达式

$$\dot{I} = \dot{I}_1 + \dot{I}_2 = \frac{\dot{U}}{Z_1} + \frac{\dot{U}}{Z_2} = \dot{U} \left(\frac{1}{Z_1} + \frac{1}{Z_2} \right)$$

两个复阻抗的并联可用一个等效复阻抗 Z 来代替,等效电路如图 3.6.2(b)所示。根据等效电路可列写出

$$\frac{1}{Z} = \frac{1}{Z_1} + \frac{1}{Z_2} \text{ 或 } Z = \frac{Z_1 \cdot Z_2}{Z_1 + Z_2}$$

必须指出:图中 $\dot{I} = \dot{I}_1 + \dot{I}_2$,但是 $I \neq I_1 + I_2$,所以

$$\frac{1}{|Z|} \neq \frac{1}{|Z_1|} + \frac{1}{|Z_2|}$$

由以上分析可知,有 k 个复阻抗并联,它的等效复阻抗的倒数等于各个并联复阻抗的倒数之和,在一般情况下可写为

$$\frac{1}{Z} = \sum \frac{1}{Z_k}$$

3.6.3 复阻抗的混联

复阻抗的混联可与直流电路中电阻的混联一样来分析,只不过交流电路中负载是复阻抗 Z,电压、电流都用相量表示,并采用相量法分析。

3.7 提高功率因数的意义

在电力系统中,功率因数是一个重要的指标。功率因数过低会在电力系统中产生不良的后果。

3.7.1 电源设备容量不能充分地利用

通常电源设备,如发电机、变压器都有一个额定容量,但能否全部为负载所利用就取决于负载的性质。如果负载是纯电阻,即功率因数等于1,那么负载所获得的有功功率就等于电源的额定容量。而在实际电路中,感性负载居多,即功率因数小于1,此时电源必须把一部分功率作为与储能元件间的能量交换,而供给负载的有功功率只能是一部分。$\cos \varphi$ 值越低,所供给负载的有功功率 P 就越小,所以电源设备就不能充分利用。

3.7.2 线路的电压损失和功率损耗过大

在传输一定有功功率 $P = UI \cos \varphi$ 的情况下,$\cos \varphi$ 越低,则电流 I 越大,因此输电线路上电阻的功率损耗越大,供电效率降低。同时,输电线路上阻抗的电压损失增大,从而使负载电压降低,影响负载的正常工作。

3.7.3 提高功率因数的方法

目前,实际中所使用的电气设备多为感性负载,那么提高负载功率因数最简单的方法就是用电容与感性负载并联,这样可以使电感中的磁场能量与电容中的电场能量交换,从而减少电源与负载间能量的互换。

(1)在感性负载上并联电容器提高功率因数

生产生活上广泛使用的日光灯、电动机、变压器等,均可看成电阻与电感串联的感性负载,如图 3.7.1(a)的实线部分所示,这种电路功率因数都不高。在工程技术上,多采用并联电容器提高其功率因数,如图 3.7.1(a)虚线部分所示。

在图 3.7.1(a)所示电路中,感性负载 RL 和电容 C 成为并联于交流电源 $u = U_m \sin \omega t$ 的两条支路。

对于 RL 串联支路,其电流有效值为

$$I_1 = \frac{U}{|Z_1|} = \frac{U}{\sqrt{R^2 + X_L^2}}$$

由于该支路是感性电路,电流应滞后电压一个小于90°的 φ_1 角,即

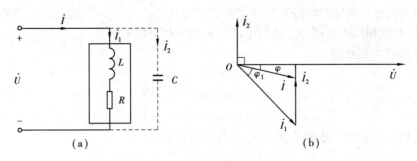

图 3.7.1 电容器与电感性负载并联以提高功率因数

$$\varphi_1 = \arctan \frac{X_\mathrm{L}}{R}$$

电容支路为一纯电容电路,其电流有效值为 $I_2 = \dfrac{U}{X_\mathrm{C}}$,且电流超前于电压90°。

根据这两条支路上各自电流有效值的大小和电流、电压间的相位关系,可作出各电流有效值相量图,用平行四边形法则可求出其总电流有效值为

$$I = \sqrt{(I_1 \cos \varphi_1)^2 + (I_1 \sin \varphi_1 - I_2)^2}$$

其总电流与电压间的相位角为

$$\varphi = \arctan \frac{I_1 \sin \varphi_1 - I_2}{I_1 \cos \varphi_1}$$

从相量图 3.7.1(b)中可以看出,$\varphi < \varphi_1$,即 $\cos \varphi > \cos \varphi_1$。

可见,在感性负载上并联电容器后,功率因数得到了提高。

(2)合理使用用电设备提高功率因数

合理使用用电设备,可以提高它的有功功率,减少其对无功功率的占用,从而提高功率因数。例如,对感性负载电动机和变压器之类的用电设备,应正确选择它们的容量,尽可能使其接近满负荷运行,这样功率因数就高;如果设备容量选择过大,经常处于轻载或空载运行状态,功率因数必然很低。

3.8 三相交流电源

3.8.1 三相交流电动势的产生

三相交流电动势是由三相交流发电机产生的。发电机是利用电磁感应原理将机械能转变为电能的装置,图 3.8.1 是三相交流发电机示意图。它主要由电枢与磁极组成。

电枢是固定的,又称定子。定子铁芯的内圆周表面有槽,用以放置三相电枢绕组 AX、BY、CZ。三相绕组完全相同而彼此相隔 120°,A、B、C 称为始端,X、Y、Z 称为末端。

磁极是旋转的,又称转子。转子铁芯上绕有励磁绕组,用直流电流励磁。当转子以角速度 ω 匀速旋转时,在三个

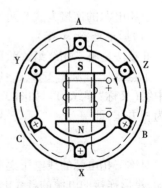

图 3.8.1 三相交流发电机示意图

定子绕组中均会感应出随时间按正弦规律变化的电动势。这三个正弦交流电动势幅值相等、频率相同，彼此间相位差也相等。这种电动势称为三相对称电动势。

三相对称电动势分别为

$$\left.\begin{array}{l} u_A = U_m \sin \omega t \\ u_B = U_m \sin(\omega t - 120°) \\ u_C = U_m \sin(\omega t + 120°) \end{array}\right\} \tag{3.8.1}$$

因为三相对称电动势是正弦量，所以也可用相量表示

$$\left.\begin{array}{l} \dot{U}_A = U \angle 0° \\ \dot{U}_B = U \angle -120° \\ \dot{U}_C = U \angle +120° \end{array}\right\} \tag{3.8.2}$$

三相对称电动势的波形图和相量图如图 3.8.2 所示。

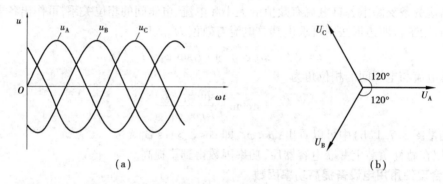

图 3.8.2　三相对称电动势

将大小相等、频率相同、相位互差 120° 的正弦量称为对称三相正弦量（如 u_A、u_B 和 u_C）。由这三个电压组成的电源称为对称三相电源（本书所提到的三相电源均指对称三相电源）。

三相电压到达幅值（或零值）的先后次序为相序。在图 3.8.2（a）中三个电压到达幅值的顺序为 u_A、u_B、u_C。若其相序为 ABCA，则称为顺相序；反之，若相序为 ACBA，则称为逆相序。本书着重讨论顺相序的情况。

3.8.2　三相电源的连接

三相电源的连接方式有两种，分别是星形连接和三角形连接。

（1）星形连接（Y 接）

此接法是将三相绕组 AX、BY、CZ 的相头 A、B、C 作为三相输出端，而相尾 X、Y、Z 连接在同一中点 N 上。从相头 A、B、C 引出的三根线称为端线（又称"火线"）；从中点 N 引出的线称为中线（又称"零线"）。如图 3.8.3 所示，这种接法又称为三相四线制。每相绕组两端的电压称为相电压，即

$$\dot{U}_{AN} = \dot{U}_A, \dot{U}_{BN} = \dot{U}_B, \dot{U}_{CN} = \dot{U}_C$$

对称三相电源的线电压大小常用"U_L"表示，其方向规定由 A→B，B→C，C→A，由图3.8.3可知，星形连接的电源的各线电压可表示为

$$\left.\begin{array}{l} \dot{U}_{AB} = \dot{U}_A - \dot{U}_B \\[2mm] \dot{U}_{CB} = \dot{U}_B - \dot{U}_C \\[2mm] \dot{U}_{CA} = \dot{U}_C - \dot{U}_A \end{array}\right\} \tag{3.8.3}$$

由此可画出对称三相电源的相电压与线电压的相量图,如图 3.8.4 所示。

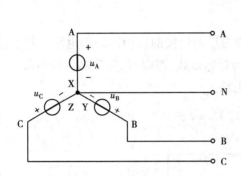

图 3.8.3　三相电源 Y 接法

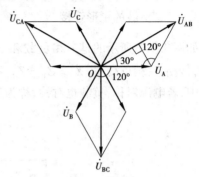

图 3.8.4　相量图

由相量图不难推出,各线电压均超前其对应的相电压 30°,且

$$\frac{1}{2}U_L = \cos 30° \times U_P$$

所以

$$U_L = \sqrt{3}\,U_P$$

故各线电压与对应的相电压的相量关系为

$$\left.\begin{array}{l} \dot{U}_{AB} = \sqrt{3}\,\dot{U}_A \angle 30° \\[2mm] \dot{U}_{CB} = \sqrt{3}\,\dot{U}_B \angle 30° \\[2mm] \dot{U}_{CA} = \sqrt{3}\,\dot{U}_C \angle 30° \end{array}\right\} \tag{3.8.4}$$

(2)三角形连接(△接)

此接法是将三相绕组的相头和相尾依次连接在一起,即 A 接 Z,B 接 X,C 接 Y,如图3.8.5 所示,称为三角形连接。这时从三个连接点分别引出的三根端线 A、B、C 就是火线。显然,三角形连接时,线电压与相电压的关系为

$$\dot{U}_{AB} = \dot{U}_A, \dot{U}_{BC} = \dot{U}_C, \dot{U}_{CA} = \dot{U}_C$$

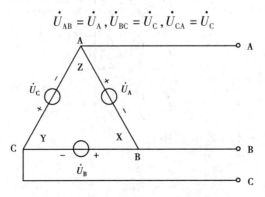

图 3.8.5　三相电源的三角形连接

3.9 三相负载及其连接

三相负载同样也有两种连接方式:星形连接和三角形连接。

3.9.1 负载的星形连接

如图 3.9.1 所示的是三相负载和三相电源均为星形连接的三相四线制电路。其中,Z_A、Z_B、Z_C 表示三相负载,若 $Z_A = Z_B = Z_C$,我们称其为对称负载,否则,称其为不对称负载。三相电路中,若电源对称,负载也对称,称为三相对称电路。

$$\dot{U}'_A = \dot{U}_A, \dot{U}'_B = \dot{U}_B, \dot{U}'_C = \dot{U}_C$$

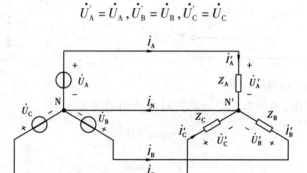

图 3.9.1 三相四线制电路

由图 3.9.1 可知,三相四线制电路中,负载相电流等于对应的线电流,即

$$\dot{I}'_A = \dot{I}_A, \dot{I}'_B = \dot{I}_B, \dot{I}'_C = \dot{I}_C$$

由 KCL 可知

$$\dot{I}_A + \dot{I}_B + \dot{I}_C = \dot{I}_N$$

如果忽略输电线路上的电阻,则各相电流为

$$\left. \begin{aligned} \dot{I}'_A &= \frac{\dot{U}'_A}{Z_A} = \frac{\dot{U}_A}{Z_A} \\[2mm] \dot{I}'_B &= \frac{\dot{U}'_B}{Z_B} = \frac{\dot{U}_B}{Z_B} \\[2mm] \dot{I}'_C &= \frac{\dot{U}'_C}{Z_C} = \frac{\dot{U}_C}{Z_C} \end{aligned} \right\} \tag{3.9.1}$$

若为对称负载,即 $Z_A = Z_B = Z_C = Z$,则有

$$\left.\begin{aligned}\dot{I}_{A} &= \dot{I}'_{A} = \frac{\dot{U}_{A}}{Z}\\\dot{I}_{B} &= \dot{I}'_{B} = \frac{\dot{U}_{B}}{Z}\\\dot{I}_{C} &= \dot{I}'_{C} = \frac{\dot{U}_{C}}{Z}\end{aligned}\right\} \tag{3.9.2}$$

由于相电压对称,因此线电流也对称,则在三相对称电路(见图3.9.2)中有

$$\dot{I}_{A} + \dot{I}_{B} + \dot{I}_{C} = \dot{I}_{N} = 0 \tag{3.9.3}$$

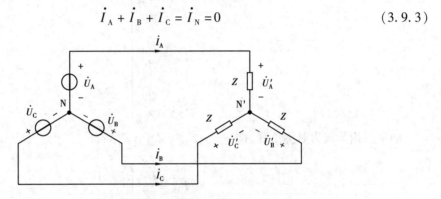

图 3.9.2 对称三相三线制电路

在三相四线制或对称三相三线制电路中,负载的相电压与线电压的关系仍为

$$\left.\begin{aligned}\dot{U}_{AB} &= \sqrt{3}\,\dot{U}'_{A}\angle 30°\\\dot{U}_{CB} &= \sqrt{3}\,\dot{U}'_{B}\angle 30°\\\dot{U}_{CA} &= \sqrt{3}\,\dot{U}'_{C}\angle 30°\end{aligned}\right\} \tag{3.9.4}$$

3.9.2 负载的三角形连接

将三相负载首尾依次连接成三角形后,分别接到三相电源的三根端线上,如图3.9.3所示。Z_{AB}、Z_{BC}、Z_{CA}分别为三相负载,负载上的电流称为负载的相电流,其参考方向如图3.9.4所示。

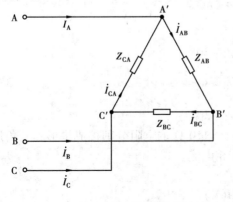

图 3.9.3 负载的三角形连接

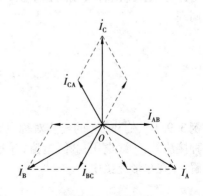

图 3.9.4 相量图

显然,负载三角形连接时,负载相电压与线电压相同,即

$$\left.\begin{array}{l} \dot{U}'_{AB} = \dot{U}_{AB} \\ \dot{U}'_{BC} = \dot{U}_{BC} \\ \dot{U}'_{CA} = \dot{U}_{CA} \end{array}\right\} \tag{3.9.5}$$

负载相电流为

$$\left.\begin{array}{l} \dot{I}_{AB} = \dfrac{\dot{U}_{AB}}{Z_{AB}} \\[2mm] \dot{I}_{BC} = \dfrac{\dot{U}_{BC}}{Z_{BC}} \\[2mm] \dot{I}_{CA} = \dfrac{\dot{U}_{CA}}{Z_{CA}} \end{array}\right\} \tag{3.9.6}$$

如果三相负载为对称负载,即 $Z_{AB} = Z_{BC} = Z_{CA} = Z$,则有

$$\left.\begin{array}{l} \dot{I}_{AB} = \dfrac{\dot{U}_{AB}}{Z} \\[2mm] \dot{I}_{BC} = \dfrac{\dot{U}_{BC}}{Z} \\[2mm] \dot{I}_{CA} = \dfrac{\dot{U}_{CA}}{Z} \end{array}\right\} \tag{3.9.7}$$

由 KCL 可知负载三角形连接时,相电流与线电流的关系为

$$\left.\begin{array}{l} \dot{I}_A = \dot{I}_{AB} - \dot{I}_{CA} \\ \dot{I}_B = \dot{I}_{BC} - \dot{I}_{AB} \\ \dot{I}_C = \dot{I}_{CA} - \dot{I}_{CB} \end{array}\right\} \tag{3.9.8}$$

由此可以作出对称负载的相量图,如图 3.9.4 所示。
同理

$$\left.\begin{array}{l} \dot{I}_A = \sqrt{3}\,\dot{I}_{AB} \angle -30° \\ \dot{I}_B = \sqrt{3}\,\dot{I}_{BC} \angle -30° \\ \dot{I}_C = \sqrt{3}\,\dot{I}_{CA} \angle -30° \end{array}\right\} \tag{3.9.9}$$

例 3.9.1 在 380 V 的三相对称电路中,将三个 110 Ω 的电阻分别接成星形和三角形,试求两种接法的:①线电压;②线电流;③相电压;④相电流。

解: 在星形连接中,

$$U_{YL} = 380(V)$$

$$U_{YP} = \frac{U_{YL}}{\sqrt{3}} \approx 220 (\text{V})$$

$$I_{YL} = I_{YP} = \frac{U_{YP}}{R} = \frac{220}{110} = 2 (\text{A})$$

在三角形连接中，

$$U_{\triangle L} = U_{\triangle P} = 380 (\text{V})$$

$$I_{\triangle P} = \frac{U_{\triangle P}}{R} = \frac{380}{110} = 3.45 (\text{A})$$

$$I_{\triangle L} = \sqrt{3} I_{\triangle P} = 1.73 \times 3.45 \approx 6 (\text{A})$$

从上例可以看出，在相同的三相电压作用下，对称负载作三角形连接时的线电流是星形连接时线电流的 3 倍。

3.10　三相电路功率

3.10.1　三相功率的一般关系

（1）有功功率

三相负载吸收的有功功率等于各项有功功率之和，即

$$P = P_A + P_B + P_C = U_A I_A \cos\varphi_A + U_B I_B \cos\varphi_B + U_C I_C \cos\varphi_C \tag{3.10.1}$$

其中，电压 U_A、U_B、U_C 分别为三相负载的相电压；I_A、I_B、I_C 分别为三相负载的相电流；φ_A、φ_B、φ_C 分别为三相负载的阻抗角或该负载所对应的相电压与相电流的夹角。在对称三相电路中，有

$$P_A = P_B = P_C$$

所以

$$P = 3 U_P I_P \cos\varphi \tag{3.10.2}$$

因为对称三相负载无论是哪种接法，总有 $3 U_P I_P = \sqrt{3} U_L I_L$，所以上式又可表示为

$$P = \sqrt{3} U_L I_L \cos\varphi$$

（2）无功功率

三相负载的无功功率等于各项无功功率之和，即

$$Q = Q_A + Q_B + Q_C = U_A I_A \sin\varphi_A + U_B I_B \sin\varphi_B + U_C I_C \sin\varphi_C \tag{3.10.3}$$

$$Q = 3 U_P I_P \sin\varphi = \sqrt{3} U_P I_P \sin\varphi \tag{3.10.4}$$

（3）视在功率

三相负载的视在功率为

$$S = \sqrt{P^2 + Q^2}$$

对称三相电路的视在功率为

$$S = 3 U_P I_P = \sqrt{3} U_L I_L \tag{3.10.5}$$

3.10.2　三相对称电路的功率

在三相交流电路中，如三相负载是对称的（如三相异步电动机），则三相电路的总有功功

率等于每相负载上所消耗有功功率的 3 倍,即

$$P = 3P_P = 3U_P I_P \cos \varphi \qquad (3.10.6)$$

式中,φ 角是相电压 U_P 与相电流 I_P 之间的相位差。

在实际应用中,负载有星形和三角形两种接法,同时,三相电路中的线电压和线电流的数值比较容易测量,所以希望用线电压和线电流来表示三相的功率。

当三相对称负载是星形连接时,

$$U_L = \sqrt{3} U_P, I_L = I_P$$

当三相对称负载是三角形连接时,

$$U_L = U_P, I_L = \sqrt{3} I_P$$

不论对称负载是星形连接还是三角形连接,将上述关系代入式(3.10.6),则得

$$P = \sqrt{3} U_L I_L \cos \varphi \qquad (3.10.7)$$

值得注意的是,上式中 φ 角仍为相电压 U_P 与相电流 I_P 之间的相位差,即负载阻抗的阻抗角。

同理可得,三相电路的无功功率和视在功率为

$$Q = 3U_P I_P \sin \varphi = \sqrt{3} U_L I_L \sin \varphi \qquad (3.10.8)$$

$$S = 3U_P I_P = \sqrt{3} U_L I_L \qquad (3.10.9)$$

应该指出,接在同一三相电源上的同一对称三相负载,当其连接方式不同时,其三相有功功率是不同的,接成三角形的有功功率是接成星形的有功功率的 3 倍,即

$$P_\triangle = 3P_Y \qquad (3.10.10)$$

实训四 交流电路中功率因数的提高(日光灯电路)

一、实验目的

①研究 RL 串联电路中电压、电流间的相量关系,明确感性负载提高功率因数的方法和意义。

②了解日光灯的工作原理,学习日光灯电路接线方法。

③学会通过 U、I、P 的测量,计算交流电路的参数。

二、实验方案

1. 实验原理(接线)图

实验原理图如实训图 4.1 所示。

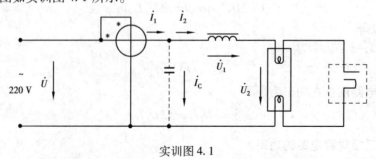

实训图 4.1

2. 实验设备及主要元器件

SAC-DG I -1 电工电子综合实验台：

①DY011 三相、单相电源及控制；

②DG041 电工实验板 II ；

③DG053 数字测量仪表板（交流电压表、交流电流表、智能 LED 数字功率表）。

3. 实验操作步骤

（1）测量交流参数

对照实验板按实训图 4.1 接线（不接电容 C），按实训表 4.1 进行测试。

（2）提高功率因数

给电路并联电容 C，分别为 1 μF，2.2 μF，按实训表 4.2 进行测试，将测试结果填入表中。

（3）注意事项

①电路接好后，未经教员检查，严禁闭合电源开关。

②测电压、电流时，一定要注意表的挡位选择，测量类型、量程都要对应。

③功率表电路中，功率表电流线圈的电流、电压线圈的电压都不可超过所选的额定值。

④各支路电流要接入电流插座。

三、实验数据记录及处理

实训表 4.1

U/V	测量值				计算值		
	P/W	I_1/mA	U_1/V	U_2/V	R/Ω	R_L/Ω	L/H

实训表 4.2

C	测量值					计算值
	P/W	U/V	I_1/mA	I_2/mA	I_C/mA	$\cos\varphi$
1 μF						
2.2 μF						

实训五　三相电路研究

一、实验目的

①学习三相负载的星形连接和三角形连接。

②验证三相负载作星形连接和三角形连接时，在对称和不对称情况下，负载的相电压与线电压、相电流与线电流间的关系。

③了解负载作星形连接时中线的作用和不对称负载情况下的工作特性，了解不对称负载作三角形连接时的工作特性，比较三相供电方式中三相三线制和三相四线制的特点。

④学习用二瓦计法和三瓦计法测量三相功率的方法。

⑤了解三相交流电路相序的测量方法。

⑥进一步提高分析、判断和查找故障的能力。

二、实验说明

1. 三相功率的测定

（1）三瓦计法

用单相功率表分别测定每相负载的功率，三相功率之和即为三相总功率。

（2）二瓦计法

在三相三线制电路中，不论负载是否对称，也不论负载是星形接法还是三角形接法，均可用两个单相功率表测量三相总功率。测量时，将两个功率表的电流线圈分别串入任意两相线中，其电压线圈非同名端共同接于第三相线上，同名端接于各自电流线圈所在相线上。连接图如实训图 5.1 所示。两个功率表读数之和为三相总功率，即 $P_{三相} = P_1 + P_2$。二表法测量三相负载的功率，不同性质的负载（电阻、电感、电容）对两功率表的读数有影响，例如当相电压与相电流的相位差角大于 $60°$ 时，一只表为正值，一只表为负值（若指针表反偏，需调整表的极性开关），读数记为负值，应按 $P_{三相} = P_1 - P_2$ 计算三相功率。本实验采用二瓦计法测功率。

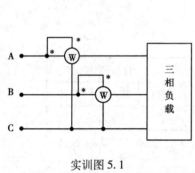

实训图 5.1　　　　　　　　　　　　　　实训图 5.2

2. 相序的测量

用一只电容器和两组灯连接成星形不对称三相负载电路（如实训图 5.2 所示），便可测量三相电源的相序 A、B、C，如电容器所接的为 A 相，可知 $U_B > U_C$，则灯较亮的为 B 相，灯较暗的为 C 相。因为相序是相对的，任何一相为 A 相时，B 相和 C 相便可确定。

三、实验方案

1. 实验原理（接线）图

实验原理（接线）图如实训图 5.3 所示。

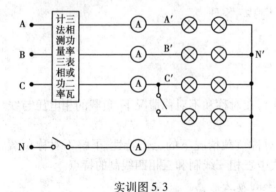

实训图 5.3

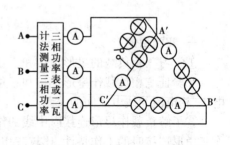

实训图 5.4

2. 实验设备及主要元器件

SAC-DGⅠ-1 电工电子综合实验台

①DY011 三相、单相电源及控制；

②DG041 电工实验板Ⅱ；

③DG053 数字测量仪表板(交流电压表、交流电流表、智能 LED 数字功率表 2 只)。

3. 实验操作步骤

①按实训图 5.3 接线，三相负载作星形连接。通过改变电灯数目来改变负载，按实训表 5.1 和实训表 5.3 的要求测量出各电压、电流和三相功率值。

②按实训图 5.4 接线，三相负载作三角形连接。按实训表 5.2 和实训表 5.3 的要求测量出各电压、电流和三相功率值。

③相序测量如实训图 5.2 所示，电容选 1 μF/400 V 电容器，白炽灯可选三相电路实验板两组两只相串联的灯泡。设定某项为 A，接通三相电源，观察两组灯的明暗状态，判断三相交流电源的相序。

④注意事项。

a. 电路中要接入电流插座。

b. 更改线路，拆、接线时要断开电源。

c. 实验中电压较高(交流 220 V 或 380 V)，电路裸线部位较多，应牢记安全第一，严格按照安全操作规程进行实验。如：接线、换线前应确认电源开关处于断开状态；电路各连接部位应可靠连接，以防留下事故隐患；仪器设备布局合理，布线简明清晰；接线完毕应待教员检查认可后方能闭合电源开关。实验中，应结合理论分析，处理各种实验现象，如不确定，应及时请教员指导等。

d. 注意功率表电压线圈、电流线圈的额定值。

e. 在线测量各电压时应注意手持表笔绝缘部位，表笔头可靠接触待测部位，一人持表笔测量，另一人读数。

四、实验数据记录及处理

实训表 5.1

实验内容	待测量	$U_{A'B'}$/V	$U_{B'C'}$/V	$U_{C'A'}$/V	$U_{A'N'}$/V	$U_{B'N'}$/V	$U_{C'N'}$/V	$U_{NN'}$/V	I_A/A	I_B/A	I_C/A	I_N/A
负载对称	有中线											
	无中线											
负载不对称	有中线											
	无中线											
A 相开路	有中线											
	无中线											
负载对称	有中线											
	无中线											

实训表 5.2

负载情况	$U_{A'B'}$/V	$U_{B'C'}$/V	$U_{C'A'}$/V	I_A/A	I_B/A	I_C/A	$I_{A'B'}$/A	$I_{B'C'}$/A	$I_{C'A'}$/A
对称									
不对称									
A 相断线									
A'B'相断线									

实训表 5.3

对称负载	三瓦计法				二瓦计法		
	P_A/W	P_B/W	P_C/W	$\sum P$/W	P_1/W	P_2/W	$\sum P$/W
星形连接							
三角形连接							

本章小结

本章主要讲述了正弦交流电路的基本知识,简要介绍了正弦量的表示法,单一参数的交流电路,RLC 串联交流电路,阻抗的串联、并联及混联,三相电路的分析与计算,功率因数提高的意义和方法。

1. 正弦交流电的三要素是:角频率、最大值和初相位。

2. 正弦量的表示法有波形表示法、三角函数表示法和相量表示法。

3. 在纯电阻交流电路中,电压与电流是同频率的正弦量,且同相位。

在纯电感交流电路中,电压与电流是同频率的正弦量,但电压在相位上比电流超前90°。

在纯电容交流电路中,电压与电流是同频率的正弦量,但电压在相位上比电流滞后90°。

4. 串联谐振电路特征是:①串联谐振时,电路中的阻抗最小,$Z = R$,在一定电压下,此时的电流最大。②串联谐振时,电路中的电压 U 与电流 I 同相位,电路呈电阻性,此时电路的无功功率为零。

5. 在交流电路中,阻抗的串联、并联和混联与直流电路中电阻的串联、并联和混联的形式相似,只是在交流电路中,负载是复阻抗,电压电流都是相量。

6. 提高功率因素的方法是:①在感性负载上并联电容器;②合理使用用电设备。

7. 三相电源接成三角形时,线电压等于相电压;三相电源接成星形时,线电压是相电压的$\sqrt{3}$倍。

8. 三相对称负载的星形连接电路中,星形负载的线电压是相电压的$\sqrt{3}$倍,线电流等于相电流。

三相对称负载的三角形连接电路中,负载两端的相电压等于电源的线电压,线电流是相电流的$\sqrt{3}$倍。

9. 在同一三相电源上的同一对称三相负载,接成三角形的有功功率是接成星形的有功功率的 3 倍。

习　题

一、填空题

1. 正弦量并不等于复数,正弦量仅仅是一个复数的_____。

2. 在 RLC 串联电路中,只要把 f_0 调到_____,电路即发生谐振。

3. 容抗与频率成_____,频率越高,容抗_____。

4. 正弦量的三要素为:_____、_____、_____。

5. 在 Y-Y 电路中,星形负载的线电压与相电压关系是_____,线电流与相电流关系是_____。

6. 在串联谐振中,电路中的阻抗_____,电路中电流_____,此时电路中无功功率为_____。

7. 提高功率因素的方法是:_____,_____。

8. 在感性交流电路中,电流在相位上是_____电压。

二、判断题

1. 正弦量只能用相量表示。　　　　　　　　　　　　　　　　　　　　　　（　　）

2. 在纯电感交流电路中,电压在相位上比电流超前 90°。　　　　　　　　　（　　）

3. 在纯电容交流电路中,电压在相位上比电流超前 90°。　　　　　　　　　（　　）

4. 在纯电容交流电路中,纯电容的平均功率不为零。　　　　　　　　　　　（　　）

5. 当电路串联谐振时,电路呈电阻性,并且电路的无功功率为零。　　　　　（　　）

6. 提高功率因数常用的办法是在感性负载上串联适当的电容器。　　　　　　（　　）

7. 三相电源的三角形连接中,线电压是等于相电压的。　　　　　　　　　　（　　）

三、分析题

1. 写出下列相量所表示的正弦量。

(1) $\dot{U} = 220\sqrt{2}\angle 30°$ V　　　　　　　　(2) $\dot{I} = 6 + \text{j}8$ A

2. 求出下列正弦量所对应的相量。

(1) $i_1 = \sqrt{2}\sin(\omega t + 60°)$ A　　　　　　(2) $i_2 = -8\sin\omega t$ A

3. 一台三相电动机,每相绕组的额定电压为 220 V,问所接电源为下面两种情况时,电动机应分别如何连接?

(1) 电源线电压为 380 V;

(2) 电源线电压为 220 V。

四、计算题

1. 已知 $u_1 = 220\sqrt{2}\sin(314t + 30°)$V,$u_2 = 110\sqrt{2}\sin(314t - 60°)$V。

(1) 指出各正弦量的幅值、有效值、初相位、角频率、频率、期周以及两个正弦量之间的相位差。

（2）试分别用波形图、相量图及相量式表示上述两正弦量。

2. 根据习题图 3.1 所示为某电路中电压与电流的波形图，试分别写出它们的瞬时值表达式，并求出其相位差。

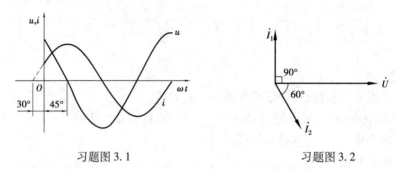

习题图 3.1   习题图 3.2

3. 两正弦交流电流分别为 $i_1 = 8\sqrt{2}\sin(\omega t + 30°)$ A，$i_2 = 10\sqrt{2}\sin(\omega t - 30°)$ A，试用相量法求 $\dot{I} = \dot{I}_1 + \dot{I}_2$，并写出 $\dot{i}$ 的瞬时值表达式。

4. 习题图 3.2 为时间 $t = 0$ 时的正弦电压与电流的相量图，已知 $I_1 = 10$ A，$I_2 = 6$ A，$U = 40$ V，试分别写出它们的瞬时表达式和相量式。

5. 已知一线圈的电感 $L = 100$ mH，电阻忽略不计，现把它接在 $u = 200\sqrt{2}\sin \omega t$ V 的交流电源上，试分别计算当电源频率 $f = 50$ Hz 和 $f = 5\,000$ Hz 时线圈中的电流值。

6. 在 RLC 串联电路中，已知 $R = 80$ Ω，$X_L = 120$ Ω，$X_C = 60$ Ω，电源电压 $u = 220\sqrt{2}\sin(314t - 20°)$ V。求：（1）电流的有效值 I 和 i 的瞬时表达式；（2）各元件电压有效值 U_R、U_L、U_C 及它们的瞬时表达式；（3）电路的有功功率 P 和无功功率 Q。

7. 在星形连接的对称三相电路中，每相负载的电阻 $R = 15$ Ω、感抗 $X = 20$ Ω，接于线电压 $U_{YL} = 380$ V 的三相电源上工作，求相电压 U_{YP} 和线电流 I_{YL}。

8. 三相四线制电路中，电源电压 $\dot{U}_{AB} = 380\angle 0$ °V，三相负载均为 $Z = 10\angle 20$ °Ω，求各相电流相量及电路的 P、Q、S。

9. 某三相电动机绕组接成三角形，各相电阻 $R = 8$ Ω，感抗 $X_L = 6$ Ω，将其接到线电压为 380 V 的对称电源上，求相电流、线电流及负载的总有功功率。

第**4**章

电气安全知识

4.1 概 述

电能是一种特殊形式的能量,一方面它依附于导体,具有传输速度快(3×10^5 km/s),发、供、用在瞬间同时完成,网络性强等特点;另一方面,由于它的产生、存在和运动变化都不可见,人们直观不易发觉导体上是否有电,不知电的危险存在,容易失去警惕而遭受触电带来的伤害,轻则电伤,重则电击死亡。可见,电能对人的威胁性和危险性要比其他能量大得多。多年来,在生产、生活和工程施工中,由于各种各样的原因导致的大小电气事故层出不穷,带来的危害性不容忽视,尤其是电气火灾和爆炸事故,往往造成巨大破坏和群死群伤等严重后果,给人民生命财产和国民经济造成重大损失。因此,必须从理论上加深对电气事故的了解,寻找电气事故的规律,对其进行科学分析,并认识到对电气事故以预防为主的重要性。

4.2 电气事故

4.2.1 电气事故的种类

电气事故的种类繁多,根据电气事故危害对象可分为人身事故和设备事故两种。

电气事故的主要类型有:

(1)触电事故

触电事故是指人体触及电流所发生的人身伤害事故。一般情况为人体与带电体直接接触而触电,而在高压触电事故中,往往是人体接近带电体至一定间距时,其间发生击穿放电造成触电。另外,还有可能是人体接触到平时没有电压,但由于对地绝缘损坏而呈现电压的电气设备的金属结构和外壳造成触电。

101

（2）电气火灾和爆炸事故

由于电气方面的原因引起的火灾和爆炸称为电气火灾和爆炸事故。它在所有火灾和爆炸事故中占很大的比例，因此应该加以重视。线路、开关、保险、插销、照明器具、电炉等电气设备都可引起火灾。特别是这些电气设备在工作时与可燃物接触或接近时极易引起火灾。在高压电气设备中，电力变压器、电力电容器、多油断路器不仅有较大的火灾危险性，而且还有爆炸的危险。电气火灾和爆炸事故不仅直接造成电气设备的损坏和人身的伤亡，而且还可能造成大规模或长时间停电，以致带来不可估量的其他间接损失。

（3）雷电事故

雷电是一种大气中的放电现象。它电压极高，电流极大。雷击是一种自然灾害，它危及面广，破坏性大。雷击过电压的产生有直击雷、雷电感应和雷电侵入波。当电气设备遭受雷击时，电气设备的绝缘层被击穿，绝缘损坏引起的短路火花与雷电的放电火花常常造成爆炸而引起伤亡事故。

（4）静电事故

静电事故是指生产过程中产生的有害静电造成的事故，它与雷电事故相比，一般多在局部场所造成危害。静电放电不仅会给人一定程度的电击，还可能引起爆炸性混合物发生爆炸的严重危害。石油、化工、橡胶等行业的静电事故较多。

（5）电磁场伤害事故

电磁场所产生的辐射能量被人体吸收过多会对人体造成不同程度的伤害。如果人长期在高频电磁场内工作，容易引起中枢神经系统失调，主要表现为神经衰弱症候群，如头痛、头晕、乏力、失眠、记忆力减退等。

4.2.2　电气事故产生的根源

虽然电气事故的危害性不容忽视，但它并不可怕，只要能找出它产生的根源，在实践中不断分析和总结规律，是可以预防和避免发生电气事故的。

电气事故发生的主要原因有以下几个方面：

（1）管理不善

如某些单位电气管理部门不重视或不落实电气安全管理，用电、供电制度不完善。职工培训中对安全教育不深入，造成其缺乏电气安全技术知识，更有甚者让非电工人员从事电气设备安装、架设和检修工作。

（2）失于防护

在电气作业时，没有做好停电、验电、挂标志牌等工作。电工没有正确穿戴防护服装和没有坚持使用绝缘工具等。

（3）安全技术措施不当

安装使用未经检验的、不合格的电气设备；在安装架设电气设备和线路时，没有采取相应的技术措施。例如，没有保护接地或接零、机床照明未采用安全电压等。

（4）检查维修不善

例如，电气线路老化而不更换，设备损坏长期不修理等。

（5）缺乏知识，违章作业

有些电工缺乏电气安全方面的知识，或者为了省事而不认真按规程标准作业。例如，雷雨天不穿绝缘靴巡视室外高压设备等。

4.2.3 电气安全防护技术

绝缘、屏护与障碍、安全间距、安全电压、保护接地和保护接零等电气安全技术措施,是基本的、通用的安全措施,无论什么行业,什么电气设备,周围环境如何,都必须满足这些安全技术要求。

(1)绝缘

为了防止带电体直接或间接接触人体而将带电体用不导电的物质紧密地包裹、隔绝起来,这种措施称为绝缘。各种线路和设备都有绝缘部分。设备和线路的绝缘必须与所采用的电压相符合,必须与周围环境和运行条件相适应。选择电气绝缘材料时,材料的电阻率一般在$10^9 \Omega \cdot cm$以上,瓷、玻璃、云母、橡胶、木材、塑料、布、纸、矿物油等都是常用的绝缘材料。

1)绝缘的破坏

绝缘物在强电场的作用下会遭到急剧的破坏,丧失绝缘性能,这就是击穿现象。这种击穿称为电击穿。电击穿时的电压称为击穿电压。

气体绝缘击穿后都能自行恢复绝缘性能;固体绝缘击穿后不能恢复绝缘性能。

固体绝缘还有热击穿和电化学击穿的问题。热击穿是绝缘物在外加电压作用下,由于流过泄漏电流引起温度过分升高所导致的击穿。电化学击穿是由于游离、化学反应等因素的综合作用所导致的击穿。

绝缘物除因击穿而破坏外,腐蚀性气体、蒸气、潮气、粉尘、机械损伤也都会降低其绝缘性能或导致破坏。在正常工作情况下,绝缘物也会逐渐老化而失去绝缘性能。

2)绝缘性能指标

为了防止绝缘损坏造成事故,应当按照规定严格检查绝缘性能。电气设备绝缘性能好坏的指标有绝缘电阻、耐压强度、泄漏电流、介质损耗等。

①绝缘电阻。

绝缘电阻是最基本的绝缘性能指标,足够的绝缘电阻能将电气设备的泄漏电流限制在很小的范围内,防止由漏电引起的触电事故。

绝缘电阻用兆欧表测定。兆欧表测量是指给被测物加上一定电压等级的测量,兆欧表盘面上给出的则是经过换算得到的绝缘电阻值。

不同线路或设备对绝缘电阻有不同的要求,一般说来,高压较低压要求高,新设备较老设备要求高,室外较室内要求高。

②耐压强度。

绝缘物发生电击穿时的电场强度称为材料的耐压强度(击穿强度)。电气设备的绝缘材料应有足够的耐压强度。电气设备承受过电压的能力可用耐压试验来检验。耐压试验是通过对被测物施加略高于运行中可能遇到的过电压来进行的。例如,在不接地的三相系统中,发现一相接地时,另外两相对地电压升高到原来的1.73倍。在特殊情况下,内部过电压可升到原来的3~5倍;遭受雷击时,可能出现更高的过电压。耐压试验主要有工频耐压试验和直接耐压试验。电力变压器、电动机、低压配电装置等在投入运行前都需要做工频耐压实验,油浸电力电缆投入运行前需要做直流耐压实验。

③泄漏电流。

泄漏电流是线路或设备在外加电压作用下流经绝缘部分的电流,可以通过兆欧表或泄漏电流实验测得。兆欧表所测值以电阻值形式指示出来。在测量过程中,兆欧表不能发现绝缘物的硬伤、脆裂和高阻接地等缺陷。可采用泄漏电流实验,即用高压试验变压器、高压整流器等装置提供稳定的直流电压来测量通过绝缘的泄漏电流。泄漏电流实验设备比较复杂,一般只对某些高压设备或要求较高的设备(如阀型避雷针、某些安全用具等)才有必要做这个试验。

④介质损耗。

绝缘物在交变电场的作用下引起发热而消耗能量即为介质损耗。介质损耗通常用绝缘材料介质耗角的正切值表示,该值能很好地反映绝缘材料的性能。

(2)**屏护与障碍**

这是采用屏护装置和设置一定的障碍将带电体与外界隔绝开来,防止人体触及或接近带电体所采取的安全措施。

配电线路和电气设备的带电部分,有的不便采取绝缘或者绝缘不足以保证安全,就可以采用遮栏、护罩、箱、匣等将带电体同外界隔绝开来。采用这些方法可有效防止触电,并且能起到防止电弧伤人、弧光短路,以及便于检修的作用。

开关电器的可动部分一般不能包以绝缘,而需要屏护。其中,防护式开关电器本身带有屏护装置,如胶盖刀开关的胶盖,铁壳开关的铁壳、塑壳或断路器的塑料外壳等。对于高压设备,由于全部绝缘往往有困难,而当人接近至一定程度时,即会发生严重的触电事故。因此,无论高压设备是否绝缘,均应采取屏护或采取其他措施防止接近。

变配电设备、安装在室外地上的变压器和安装在车间或公共场所的变配电装置均需设遮栏或栅栏作为屏护,网眼遮栏高度不应低于1.8 m,下部边缘离地不应超过0.1 m,网眼不应大于40 mm×40 mm。对于低压设备,网眼遮栏与裸导体距离不应小于0.15 m;10 kV设备的距离不应小于0.35 m;20~35 kV设备的距离不应小于0.6 m。户内栅栏高度不应低于1.2 m,户外不应低于1.5 m。对低压设备,栅栏裸导体距离不应小于0.8 m,户外变电装置围墙高度不应低于2.5 m。

屏护装置不直接与带电体接触,对所用材料的电性能没有严格要求,但所用材料应当有足够的机械强度和良好耐火性。金属材料制成的屏护装置必须接地或接零。

屏护装置的种类分为永久性的屏护装置(如配电装置的遮栏、开关罩等),临时性的屏护装置,固定屏护装置,以及移动屏护装置。

屏护装置应与以下安全措施配合使用:

①屏护装置应有足够的尺寸,与带电体之间保持必要的距离。

②被屏护的带电部分应有明显标志,标明规定的符号或涂上规定的颜色。

③遮栏、栅栏等屏护装置上,应根据屏护对象挂上"高压,生命危险""站住,生命危险""勿攀登,生命危险"等警告牌,必要时应上锁。

④配合信号装置和联锁装置。前者一般是用灯光或仪表指示有电,后者则采用专门装置,当人体越过屏护装置可能接近带电体时,使被屏护部分自动断电。

(3)**安全电气间距**

为了防止人体触及或接近带电体造成触电事故,为了避免车辆或其他器具接触或过分亲近带电体造成事故,以及为了防止火灾、过电压放电和各种短路事故,带电体与地面之间,带电体与其他设施和设备之间,带电体与带电体之间,均须保持一定的安全距离。安全距离的大小决定于电压的高低、设备的类型、安装的方式等。

1)线路安全距离

①架空线路。

架空线路所用导线可以是裸线,也可以是绝缘线。即使是绝缘线,如果露天架设,导线绝缘经风吹日晒也极易损坏,因此,架空线路的导线与地面、各种工程设施、建筑、树木、其他线路之间,以及同一线路的导线与导线之间均应保持一定的安全距离。

10 kV 及以下架空线路间导线距离,见表4.2.1。

架空电力线路边导线与建筑物的距离,见表4.2.2。架空线路不应跨越屋顶为燃烧材料的建筑物。对耐火材料屋顶的建筑物,也应尽量不跨越,如需跨越,应与有关单位协商或取得当地政府同意。

表4.2.1 架空线路间导线距离

线路电压 \ 导线距离/m \ 挡距/m	40 及以下	50	60	70	80	90	100	110
10 kV	0.6	0.65	0.7	0.75	0.85	0.9	1.0	1.05
低压	0.3	0.4	0.45	0.5	—	—	—	—

注:①表中所列数值适用于导线的各类排列方式;
　　②近电杆的两导线的水平距离,不应小于0.5 m。

表4.2.2 导线与建筑物的最小距离

线路电压/kV	<3	3～10	35
垂直距离/m	2.5	3.0	4.0
水平距离/m	1.0	1.5	3.0

几种线路同杆架设时,电力线路必须位于弱电线路的上方,高压线路必须位于低压线路的上方。线路间距离应参照表4.2.3。

②接户线与进户线。

接户线是指从配电网到用户进线处第一支持物的一段导线;进户线是指从接户线引入内的一段导线。

表4.2.3 同杆线路的最小距离

项 目	直线杆/m	分支(或转角)杆/m
10 kV 与 10 kV	0.8	0.45/0.60
10 kv 与低压	1.2	1.0
低压与低压	0.6	0.3
低压与弱电	1.2	—

10 kV 接户线对地距离不应小于 4 m;低压接户线对地距离不应小于 2.5 m。低压接户线跨越通车的街道时,对地距离不应小于 6 m;跨越通车困难或人行道时,不得小于 2.5 ~ 3m。

低压接户线与接户线下方窗户的垂直距离不小于 30 cm;

低压接户线与接户线上方阳台或窗户的垂直距离不小于 80 cm;

低压接户线与窗户或阳台的水平距离不小于 75 cm;

低压接户线与墙壁、构架的距离不小于 5 cm。

低压接户线的挡距不宜超过 25 m,挡距超过 25 m 时,宜设接户杆。低压接户线的线间距离参照表 4.2.4。

表 4.2.4　低压接户线的线间距离

架设方式	挡距/m	线间距离/m
自电杆上引下	≤25	15
	>25	20
沿墙敷设	≤6	10
	>6	15

低压进户线进线管口对地面不应小于 2.7 m;高压一般不应小于 4.5 m;进户线进线管口与接户线端头之间的距离一般不应超过 0.5 m。

2)用电设备安全距离

用电设备的安装应考虑到防震、防尘、防潮、防火、防触电等安全要求,也包括安全距离的要求。

车间低压配电盘底口距地面高度,暗装的可取 1.4 m,明装的可取 1.2 m,明装的电度表板底口距地面高度可取 1.8 m。

常用开关设备安装高度为 1.3 ~ 1.5 m,为了便于操作,开关手柄与建筑物之间应保持 50 mm 的距离,扳把开关离地面高度可取 1.4m。拉线开关离地面高度可取 2 ~ 3 m,明装插座离地面高度 1.3 ~ 1.5 m,暗装的可取 0.2 ~ 0.3 m。

室内吊灯灯具高度应大于 2.4 m,受条件限制时可减为 2.2 m。如果还需要降低,可采用适当安全措施。当灯具在桌面上方或人碰不到的地方时,高度可减为 1.5 m。户外照明灯高度不应小于 3 m,墙上灯具高度允许减为 2.5 m。

3)检修安全距离

为了防止人体接近带电体,必须保证足够的检修安全距离。

在低压操作中,人体或其所携带工具等与带电体之间的最小距离不应小于 0.1m。

在高压无遮栏操作中,人体或其所携带工具与带电体之间的最小距离不应小于下列数值:

10 kV 及以下　0.7 m

20 ~ 35 kV　1.0 m

当不足上述距离时,应装设临时遮栏,并符合有关间距的要求。

工作中使用喷灯或气焊时,火焰不得喷向带电体,火焰与带电体的最小距离不得小于下列数值:

10 kV 及以下　1.5 m

35 kV 3.0 m

对于其他的安全距离可参阅有关规程。

4.2.4 安全电压

根据欧姆定律,电压越高,电流越大。因此,可以将可能加在人体上的电压限制在某一范围之内,使得通过人体的电流不超过允许的范围,这个电压即安全电压。

我国国家标准《安全电压》(GB 3805—1983)规定的安全电压等级见表4.2.5。表内的额定电压值是由特定电源供电的电压系列,这个特定电源是指用安全隔离变压器或具有独立绕组的互感器与供电干线隔离开的电源。表中所列空载上限值,主要是考虑到某些重载的电气设备。其额定电压虽符合规定,但空载电压往往很高,如果超过规定的上限值,仍不认为符合安全电压标准。

表 4.2.5 安全电压(GB 3805—1983)

安全电压(交流有效值)/V		选用举例
额定值	空载上限值	
42	50	在有触电危险的场所使用的手持式电动工具等
36	43	在矿井、多导电粉尘等场所使用的行灯等
24	29	可供某些具有人体可能偶然触及的带电体设备选用
12	15	
6	8	

实际上,从电气安全的角度来说,安全电压与人体电阻是有关系的。

人体电阻由体内电阻和皮肤电阻两部分组成。体内电阻约为 500 Ω,与接触电压无关。皮肤电阻与皮肤表面的干湿、洁污状况以及接触面积有关。从人身安全的角度考虑,人体电阻一般取下限值 1 700 Ω(平均值为 2 000 Ω)。由于安全电流取 30 mA,而人体电阻取 1 700 Ω,因此,人体允许持续接触的安全电压为

$$U_{saf} = 30 \text{ mA} \times 1\ 700 \ \Omega \approx 50 \text{ V}$$

这 50 V(50 Hz 交流有效值)称为一般正常环境条件下允许持续接触的"安全特低电压"。

4.2.5 接地与接零

在发电、供电、用电过程中,由于电气绝缘装置老化、被过压击穿或磨损,致使原来不应带电部分(如金属、底座、外壳等)带电,或原来带低压电部分带上高压电,由这些意外的不正常带电所引起电气设备损坏和人身伤亡事故不断增加。为了避免这类电气事故的发生,最常用的防护措施是接地与接零。电气设备应采用接地或接零哪种保护方式,取决于配电系统的中性点是否接地,低压电网的性质及电气设备的额定电压等级。下面分别介绍接地和接零的有关知识。

(1)接地

电气设备的任何部分与大地之间进行良好的电气连接,称为接地。安全接地是保证电气设备正常工作和工作人员人身安全最重要的措施。与大地直接接触的金属体或金属体组,称

为接地体或接地极。接地体与电气设备之间连接用的金属导线称为接地线,接地线可分为接地干线和接地支线。接地体和接地线合称为接地装置。

接地时的对地电压是指电气设备的接地部分与大地零电位之间的电位差。通常,可以认为距接地体20 m及以上大地即为零电位点。另外,接地电阻是指接地体的对地电阻和接地线电阻的总和,它也等于对地电压与通过接地体流入地中电流的比值。

接地可分为保护接地、工作接地、过电压保护接地、防静电接地。保护接地,是为了保证人身安全所采取的接地,如电气设备金属外壳的接地;工作接地,是为了满足正常工作需要所采取的接地,如电力变压器、电压互感器中性点的接地;过电压保护接地,是为了消除过电压而采取的接地,如电力线路杆塔的接地;防静电接地,是为了防止蓄积静电荷而采取的接地,如油罐、天然气罐等的接地。

在供配电系统中,为了实现更高的可靠性、安全性,常采用防止触电的保护接地系统,主要有IT、TT系统。下面就这两种系统的工作特点及应用问题作一些简单的介绍。

1)IT系统的保护接地

在电源中性点不接地的三相三线制低压系统中,用电设备外壳与大地进行电气连接,构成IT系统(图4.2.1),通常称为保护接地。在IT系统中,人触及单相碰壳的设备时,通过人体电流 I_b 只是接地电流 I_E 的一部分,即 $I_b = \dfrac{I_E R_E}{R_E + R_b}$。其中,$R_b$ 为人体电阻,如果接地电阻 $R_E \leqslant 4\ \Omega$,人体电阻按最恶劣环境下考虑,取 $R_b = 1\ 000\ \Omega$,则通过人体的电流只占接地电流的 1/250,这样就可避免人体触电的危险,对人体起到保护作用。

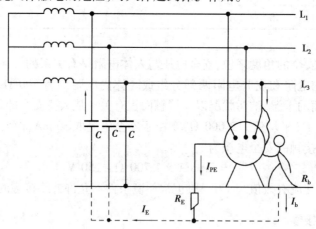

图4.2.1　IT系统的保护接地

对设备而言,由于 I_E 仅是未故障两相漏电流(电容电流)的和,其值很小,不会危及设备安全,也不会引起火灾等恶性事故,所以不必切断电源,故障设备在规定的时间内还可以继续运行。针对石油化工、矿井、船舶等工业生产中易燃易爆气体较多,要求连续供电的特点,采用IT系统不仅可提高供电的可靠性,而且也能起到触电保护的作用。为了及时发现和排除故障,防止同时出现两相接地故障,IT系统必须装设绝缘监视设备。

应当指出,IT系统不应配出N线。若配出N线,并采取设备外壳接零,一旦出现设备外壳带电,就会通过零线形成单相短路,并在短路点产生电火花,引起火灾时,某一相的大电流也会促使系统的保护装置迅速动作,从而中断正常供电,这就丧失了IT系统固有的优点。

2)TT 系统的保护接地

在电源中性点直接接地的三相四线制系统中,将设备外壳经各自的 PE 线(公共保护接地线)分别接地,构成 TT 系统,亦称保护接地,如图 4.2.2 所示。TT 系统中某设备碰壳时,其单相接地电流 $I_E = 220\ \text{V}/(4+4)\Omega = 27.5\ \text{A}$,设备外壳对地电压 $V_E = 110\ \text{V}$,I_E 小、V_E 大是 TT 系统的特点。27.5 A 的故障电流一般不会使中等容量以上的保护装置动作,设备外壳长期带电,触电危险不能消除,与故障设备共用接地极的其他设备外壳上也出现同样的危险电压。理论上,解决问题的办法是将接地电阻 R_E 降至 0.78 Ω 以下,就可将 V_E 降至安全电压 36 V 以下。但这会增大接地装置的费用和工程难度,从技术经济上看,显然是不合理的,所以,人们曾对保护接地在中性点直接接地系统中的应用持否定态度。近年来,高灵敏度漏电保护器的推广应用大大放宽了对接地电阻值的要求,如欲使漏电保护的动作电流在安全电流 30 mA 以下,只要使 $R_E \leqslant 1\,200\ \Omega$ 即可。实际工作中取 $R_E \leqslant 100\ \Omega$,这是很容易实现的。因此,保护接地作为安全措施已被广泛用于中性点直接接地的三相四线制系统中,尤其在供电范围广、负荷不平衡、零线电压较高的情况下,采用 TT 系统是合理的。这种系统在国外应用比较广泛,国内也有推广的趋势。

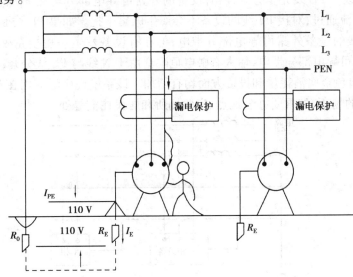

图 4.2.2 TT 系统(R_0 为接地体,以下同)

(2)**接零**

接零是指将与带电部分相绝缘的电气设备的金属外壳或构架与中性点直接接地系统中的零线相连接。保护接零是将接于 380/220 V 三相四线系统中的电气设备在正常情况下不带电的金属部分与系统中的零线相连接,以避免人体遭受触电的危险。

TN 系统的电源中有一点直接接地,其中所有设备的外露可导电部分均接公共保护接地线(PE 线)或公共保护中性线(PEN 线)。这种接公共 PE 线或 PEN 线的方式,也可通称接零。TN 系统按其 PE 线的形式不同分为:TN-C 系统、TN-S 系统和 TN-C-S 系统。

1)TN-C 系统

系统中的 N 线与 PE 线合为一根 PEN 线,所有设备的外露可导电部分均接 PEN 线,如图 4.2.3 所示。其 PEN 线中可有电流通过,通过 PEN 线的电流可对有些设备产生电磁干扰。如果 PEN 断线,还可使接 PEN 线的设备外露可导电部分(如外壳)带电,对人可有触电危险。因此,该系统不适用于对抗电磁干扰和安全要求较高的场所。但由于 N 线与 PE 线合一,从而可节约有色金属(导线材料)和投资。该系统过去在我国低压配电系统中应用最为普遍,但现在在安全要求较高的场所包括住宅建筑、办公大楼及要求抗电磁干扰的场所均不允许采用。

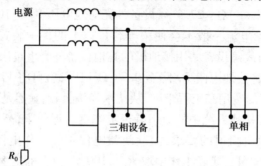

图 4.2.3　TN-C 系统

2)TN-S 系统

系统中的 N 线与 PE 线完全分开,所有设备的外露可导电部分均接 PE 线,如图 4.2.4 所示。PE 线中无电流通过,对接 PF 线的设备不会产生电磁干扰。如果 PE 线断线,正常情况下也不会使接 PE 线的设备外露可导电部分带电;但在有设备发生一相接壳故障时,将使其他PE 线的设备外露可导电部分带电,使人有触电危险。由于 N 线与 PE 线分开,与上述 TN-C 相比,TN-S 系统在有色金属消耗量和投资方面均有增加。该系统现广泛应用在对安全要求及抗电干扰要求较高的场所,如重要办公地点、实验场所和居民住宅等处。

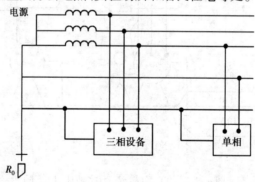

图 4.2.4　TN-S 系统

3)TN-C-S 系统

在 TN-C-S 系统中,N 线与 PE 线可根据负载特点与环境条件合用一根或分开敷设 PEN线,PEN 线不准再合并,如图 4.2.5 所示。它的优点在于解决了 TN-C 系统线路末端零线对地电压过高的问题,兼有前两系统的特点,适用于配电系统末端环境条件恶劣或有数据处理的场合。

注意:在保护接零的 TN 系统中,已接零的设备外壳可以同时接地,这属于带重复接地的接零系统,其对安全是有益无害的。由同一台变压器供电的系统中,不能混用接零保护和接地保护。否则,采用接地保护的设备发生碰壳故障时,所有采用接零保护的设备外壳可能会带上接近 110 V 的危险电压。

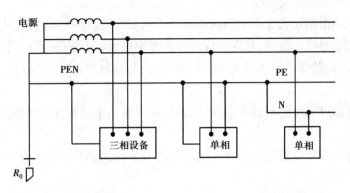

图 4.2.5　TN-C-S 系统

（3）等电位连接

等电位连接，是使电气装置的各外露可导电部分和装置外可导电部分电位基本相等的一种电气连接。等电位连接的作用，在于降低接触电压，确保人身安全。《低压配电设计规范》（GB 50054—2011）规定：在低压配电系统中，采取接地故障保护时，在建筑物内应做总等电位连接（MEB）。当电气装置或某一部分的接地故障不能满足要求时，应在局部范围内做等电位连接（LEB）。

1）总等电位连接（MEB）

总等电位连接是在建筑物进线处，将 PE 线或 PEN 线与电气装置接地干线，建筑物内的各金属管道（如水管、煤气管、采暖空调管道等）以及建筑物的金属构件等，都接向总等电位连接端子，使它们都具有基本相等的电位，如图 4.2.6 的 MEB。

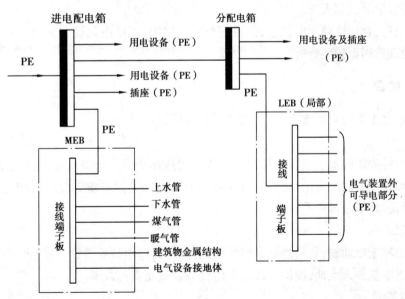

图 4.2.6　局部等电位连接

2）局部等电位连接（LEB）

局部等电位连接又称为辅助等电位连接，是在远离总等电位连接处、非常潮湿、触电危险性大的局部地域内进行的等电位连接，以作为总等电位连接的一种补充，图 4.2.6 中的 LEB，通常在容易触电的浴室及安全要求极高的胸腔手术室等地,宜做局部的等电位连接。

等电位连接主母线的截面,规定不应小于装置中最大 PE 线截面的一半,且不小于 6 mm²。如果采用铜导线,其截面可不超过 25 mm²。如果为其他材质的导线时,其截面应能承受与之相当的载流量。

连接两个外露可导电的局部等电位线,其截面不应小于接至该两个外露可导电部分的 PE 线的截面。

连接装置外露可导电部分与装置外可导电部分的局部等电位连接线,其截面不应小于 PE 线截面的一半。

PE 线、PEN 线和等电位连接线以及引至接地装置的接地干线等,在安装竣工后应做跨接线。管道连接处,一般不需跨接线,但若导电不良,则应做跨接线。

4.3 电气防火、防雷、静电安全及电磁场安全

4.3.1 电气防火

发生电气火灾常见的原因有设备缺陷、安装不当、危险温度、电火花、电弧等。其中,引起电气设备过度发热的原因大致包括短路、过载、接触不良、铁芯发热、散热不良等,应注意避免;电火花则是电极间的击穿放电或触头间气体在强电场作用下产生的放电现象。电火花与电弧的温度都很高,极易引起火灾。

防火措施有:合理选择用电设备;保持安全防火间距;保持电气设备正常运行;良好通风;可靠接地;合理选用保护装置等。

4.3.2 防雷

为了防止直击雷带来的灾害,常采用下列有效措施:

(1)避雷针

避雷针由针尖接闪器、支持物、接地引下线和接地体组成。当雷云放电接近地面时,放电就朝地面电场强度最大的方向(即避雷针尖端)发展,雷云通过避雷针放电而使避雷针周围的线路、电气设备、建筑物等免受直击雷害。

(2)避雷线

避雷线也称架空地线,它是悬在高空的接地导线,其作用与避雷针一样,将雷电引向自己,并安全地将雷电流导入大地,使保护线路及电气设备免受直击雷害。

(3)避雷带网

避雷带网与避雷线相似,用于建筑物防雷,敷设在建筑物顶部。

(4)避雷器及放电间隙

为了防止线路上感应雷击过电压,可在导线上安装阀型避雷器、管型避雷器或放电间隙等。

4.3.3　静电安全

静电是由物体间的相互摩擦或感应产生的。静电在一定条件下将形成很高的电压,容易造成爆炸、火灾、电击,妨碍生产和造成人身伤害。

常见的防静电措施有:

(1)接地

接地是消除导电体上静电的最简单办法,只要接地电阻不大于 1 000 Ω,静电的积聚就不容易产生。

(2)泄漏法

实际中,常采用增湿的措施和采用抗静电添加剂来促使静电电荷从绝缘体上泄漏出去。增湿就是提高空气湿度,作用在于降低带静电绝缘体的表面电阻率,增强其表面导电性,提高泄漏的速度。而对于表面不宜吸湿的物质,可以采用各种抗静电剂,作用是增加材料的吸湿性或离子性,从而增强导电性能,提高静电泄漏的效果。

(3)静电中和法

静电中和法是在静电电荷密集的地方设法产生带电离子,将该处静电电荷中和掉。此法是用来消除绝缘体上静电的重要措施。

4.3.4　电磁场安全

人体长期在电磁场作用下,会受到不同程度的伤害。由于电磁场能量转化成热,从而引起人体内的生物学作用。

电磁场对人体的影响主要是在机体内感应涡流,产生热量。热量会使人体一些器官的功能受到不同程度的伤害,电磁场频率不同,伤害程度也不同。一定强度的短波电磁场照射会使人体中枢神经系统失调,甚至还会引起交感神经抑制为主的自主神经功能失调;在微波和超短波电磁场照射下,除引起较严重神经衰弱外,还会导致心血管病症发生。

可见,电磁场对人体的作用主要是功能性改变,虽具有可恢复性特征,但应注意避免高强度长时间地接触电磁场。

为了防止电磁场危害,应根据现场特点采取屏蔽措施以及采用不同结构和不同材料的屏蔽装置。

(1)屏蔽

电磁场屏蔽是限制电磁场扩散,防止电磁场对人体的伤害,常采用钢板、铝板,或网眼极小的铜、铝网制成屏蔽体。必要时,采用双层屏蔽体,增加屏蔽体厚度和适当加大屏蔽体至场源之间的距离,可提高屏蔽效果。

(2)高频接地

高频接地包括高频设备金属外壳接地和屏蔽接地,它除了符合一般电气设备的接地要求外,还有特殊要求。高频接地线不宜太长,其长度限制在波长的 1/4 之内。如果条件不许可,也要避开波长的 1/4 的奇数倍;要求采用多股铜线或多层铜皮制成;要求只在屏蔽的一点与接地体相连,如果同时有几点与接地体相连,由于各点情况差异,可能产生有害的不平衡电流。

4.4 触电的急救

4.4.1 触电事故的种类

人体触电伤害的形式分为电击和电伤。

电击是指人体内部器官受到电伤害。人体受到电击时,电流通过人体内部,如果电流超过一定数值,就使人与导体接触部分的肌肉痉挛、发麻,持续下去,人体电阻迅速降低,电流随之增加;最后,便全身肌肉痉挛,呼吸困难,心脏停搏,以致死亡,所以电击危害性最大。

电伤是指人体外部受到电的损伤。属于电伤的有灼伤、电烙印及皮肤金属化。灼伤是电流的热效应造成的,是在电流直接经过人体或不经过人体时发生的。电烙印是由电流的化学效应和机械效应所引起的,通常是在人体与导电部分有良好的接触下产生的。皮肤金属化是在电流的作用下,使熔化和蒸发的金属微粒渗入皮肤表面层,使皮肤的伤害部分呈粗糙的坚硬表面,日久会逐渐脱落。

4.4.2 影响触电伤害程度的因素

触电对人体伤害程度与以下因素有关:

(1)与电流的大小有关

电流越大,伤害越重。实践证明,通过人体的交流电(频率为 50 Hz)超过 10 mA,直流电超过 50 mA 时,触电者就不容易自己脱离电源。

(2)与电压的高低有关

电压越高,伤害越严重。当电压低至 50 V 时,就不会引起严重后果。

(3)与触电时间长短有关

触电时间越长,后果越严重。所以,一旦发现有人触电,应力争尽快地使触电者脱离电源。

(4)与人体的电阻有关

人体电阻主要决定于皮肤的角质层。皮肤干燥时,人体电阻一般为 1 000 Ω ~ 10 000 Ω,如果人的皮肤有汗水时,人体电阻会显著降低,所以在潮湿的地方工作触电危险性大。

(5)与电流通过人体的途径有关

电流通过呼吸器官、神经中枢时,危险性较大,电流通过心脏最危险。

(6)与人的健康状态和精神状态有关

患有心脏病、内分泌失调病、肺病和精神病的人,触电后果比较严重。酒醉、疲劳过度、出汗过多等,也能加重触电伤害程度。

4.4.3 触电的急救方法

触电者的现场急救,是抢救过程中关键的一步,如处理及时和正确,则因触电而呈假死的人有可能获救;反之,则会带来不可弥补的后果。在触电急救中,可以遵循八字方针:迅速、准确、就地、坚持。

（1）**使触电者迅速脱离电源**

①脱离电源就是要将触电者接触的那一部分带电设备的开关断开，或设法使触电者与带电设备脱离。触电者未脱离电源前，救护人员不得直接用手触及触电者。在脱离电源时，救护人既要救人，又要注意保护自己，防止触电。

②如果触电者触及低压带电设备，救护人员应设法迅速切断电源。例如，拉开电源开关或拔下电源插头，或者使用绝缘工具、干燥木棒等不导电物体解脱触电者。也可抓住触电者干燥而不贴身的衣服将其拖开；也可戴绝缘手套或将手用干燥衣物等包住绝缘后解脱触电者。救护人员也可站在绝缘垫上或于木板上进行救护。为了使触电者与带电体解脱，最好用一只手进行救护。

③如果触电者触及高压带电设备，救护人员应迅速切断电源，或用适合该电压等级的绝缘工具（戴绝缘手套、穿绝缘靴并用绝缘棒）解脱触电者。救护人员在抢救过程中，应注意保持自身与周围带电设备必要的安全距离。

④如果触电者处于高处，解脱电源后触电者可能从高处坠落，因此，要采取相应的安全措施，以防触电者摔伤或致死。

⑤在切断电源救护触电者时，应考虑到救护必需的应急照明，以便继续进行急救。

（2）**对触电者进行就地抢救**

①如果触电者神志尚清醒，则应使其就地平躺，严密观察，暂时不要让其站立或走动。

②如果触电者已神志不清，则应使其就地仰面平躺，且确保呼吸道通畅，并用5 s时间呼叫伤员或轻拍其肩部，以判定其是否丧失意识。禁止摇动伤员头部呼叫伤员。

③如果触电者失去知觉，停止呼吸，但心脏微有跳动（可用两指去试伤员喉结旁凹陷处的颈动脉有无搏动）时，应在通畅呼吸道后，立即施行口对口或口对鼻的人工呼吸。

④如果触电者伤害相当严重，心跳和呼吸均已停止，完全失去知觉，则在通畅呼吸道后，立即同时进行口对口（鼻）的人工呼吸和胸外按压心脏的人工循环。如果现场仅有一人抢救，可交替进行人工呼吸和人工循环，先胸外按压心脏4~8次，然后口对口（鼻）吹气2~3次，再按压心脏4~8次，又口对口（鼻）吹气2~3次……如此循环反复进行。

由于人的生命维持主要靠心脏跳动，使血液循环和呼吸，从而形成氧气和废气的交换，因此，采用胸外按压心脏的人工循环和口对口（鼻）吹气的人工呼吸的方法，能对处于因触电停止了心跳和中断了呼吸的"假死"状态的人起暂时弥补的作用，促使其血液循环和正呼吸。

（3）**急救过程必须坚持进行**

下面介绍两种有用的触电急救方法：

1）人工呼吸法

①首先迅速解开触电者衣服、裤带，松开上身的紧身衣、胸罩、围巾等使其胸部能自由扩张，不致妨碍呼吸。

②使触电者仰卧，不垫枕头，头先偏向一侧，清除其口腔内的血块、假牙及其他异物。如果舌根下陷，应将舌头拉出，使气道畅通。如果触电者牙关紧闭，救护人应以双手托住其下颌骨的后角处，大拇指放在下颌角边缘，用手将下颌骨慢慢向前推移，使下牙移到上牙之前；也可用开口钳、小木片、金属片等，小心地从口角伸入牙缝，撬开牙齿，清除口腔内异物；然后将其头部扳正，使其尽量后仰，鼻孔朝天，让气道畅通。

③救护人位于触电者一侧，用一只手捏紧鼻孔，不使其漏气，用另一只手将下颌拉向前下

方,使嘴巴张开。可在其嘴上盖一层纱布,准备接受吹气。

④救护人作深呼吸后,紧贴触电者嘴巴,向其大口吹气,如图4.4.1(a)所示。如果掰不开嘴,也可捏紧嘴巴,紧贴鼻孔吹气。吹气时,要使其胸部膨胀。

⑤救护人吹气完毕换气时,应立即离开触电者的嘴巴(或鼻孔),并放松紧捏的鼻(或嘴),使其自由排气,如图4.4.1(b)所示。

（a）贴紧吹气　　　　　　（b）放松换气

图4.4.1　口对口吹气的人工呼吸法(箭头表示气流方向)

图4.4.2　胸外按压心脏的正确压点

按照上述操作要求对触电者反复地吹气、换气,每分钟约12次。对幼儿施行此法时,鼻子不捏紧,任其自由漏气,而且吹气也不能过猛,以免肺泡胀破。

2)胸外按压心脏的人工循环法

按压心脏的人工循环法,有胸外按压和开胸直接挤压两种。后者是在胸外按压心脏效果不大的情况下,由胸外科医生进行。

下面介绍胸外按压心脏的人工循环法:

①与上述人工呼吸法的要求一样,首先要解开触电者衣服、裤带及胸罩、围巾等,并清除口腔内异物,使呼吸道畅通。

②使触电者仰卧,姿势与上述口对口吹气法一样,但后背着地处的地面必须平整牢固,最好为硬地或木板之类。

③救护人位于触电者一侧,最好是跨腰跪在触电者腰部,两手相叠(对儿童可只用一只手),手掌根部放在心窝稍高一点的地方(掌根放在胸骨的下1/3部位),如图4.4.2所示。

④救护人找到触电者的正确按压点后,自上而下、垂直均衡地用力向下按压,压出心脏面的血液,如图4.4.3(a)所示。对儿童用力应适当小一些。

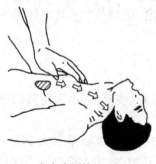

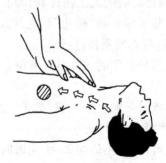

（a）向下按压　　　　　　　　　　　　（b）放松回流

图4.4.3　人工胸外按压心脏法(箭头表示气流方向)

按压后,掌根迅速放松(但手掌不要离开胸部),使触电者胸部自动复原,心脏扩张,血液又回到心脏里来,如图4.4.3(b)所示。

按照上述操作要求对触电者的心脏反复地进行按压和放松,每分钟约 60 次。按压时定位要准确,用力要适当。在施行人工呼吸和心脏按压时,救护人应密切观察触电者的反应,只要发现触电者有苏醒征象(如眼皮闪动或嘴唇微动),就应终止操作几秒钟,以让触电者自行呼吸和心跳。

对触电者施行人工呼吸和心脏按压,对于救护人员来说是非常劳累的,但为了救治触电者,还必须坚持不懈,直到医务人员前来救治为止。只要正确及时地坚持施行人工救治,触电假死的人被抢救成活的可能性是非常大的。

本章小结

电气事故,根据危害对象的不同分为人身事故和设备事故两种。电气事故的主要类型有:触电事故、电气火灾、爆炸事故、雷电事故、静电事故、电磁场伤害事故。电气事故发生的主要原因有:管理不善,失于防护,安全技术措施不当,检查、维修不善,缺乏知识,违章作业。基本的电气安全技术措施有:绝缘、屏护与障碍、安全间距、安全电压、保护接地和保护接零等。其中,本章主要介绍了线路的安全距离、用电设备的安全距离和检修的安全距离。

安全电压是指不会使人直接致死或致残的电压。本章介绍了安全电压的等级,安全电压与人体电阻的关系,安全特低电压为 50 V。

接地与接零在电力系统中得到广泛使用。接地可分为保护接地、工作接地、过电压保护接地、防静电接地。保护接地系统:IT 系统,TT 系统。等电位连接:总等电位连接,局部等电位连接。

电气防火,防雷,静电安全,电磁场安全的基本知识。

人体触电伤害的种类分为电击和电伤。影响触电伤害程度的因素有:电流大小、电压高低、触电时间长短、人体电阻、电流通过人体的途径、人的精神状态。触电急救遵循的八字方针:迅速、准确、就地、坚持。急救方法:人工呼吸法,胸外按压心脏法。

习 题

1. 电气事故的主要类型有哪些? 各有什么特点?

2. 电气事故产生的根源主要有哪些?

3. 什么是电击穿? 什么是击穿电压?

4. 屏护装置的种类有哪些? 屏护装置应与哪些安全措施配合使用?

5 什么是安全电压? 人体电阻由哪两部分组成?

6. 什么叫接地? 什么叫接地装置? 什么是接地电流和对地电压?

7. 什么叫工作接地和保护接地? 什么叫保护接零?

8. 在 TN 系统中为什么要采取重复接地?

9. 什么叫总等电位连接和局部等电位连接? 其功能是什么?

10. 什么是安全电流? 安全电流与哪些因素有关?

11. 什么是安全电压? 一般正常环境条件下的安全特低电压是多少?

12. 如发现有人触电,应如何急救处理? 什么是胸外心脏按压法?

第 **5** 章

磁路与变压器

磁路是磁场聚集在空间一定范围内的总体,磁路是电机、电器与电工仪表的重要组成部分。各类电机在进行电能与机械能之间的相互转换时,变压器在进行不同等级电压与电流的电能转换时,以及继电器、接触器在进行电路的切换时,磁路都起着非常重要的作用。因此,仅从电路的角度去分析是不够的,只有同时掌握电路和磁路的基本理论、基本规律,熟悉电和磁之间的关系,才能对各种电工设备作全面的分析和应用。

本章在复习磁场及其基本物理量的基础上,阐述磁路的基本概念,以及变压器的基本结构、工作原理和运行特性。

5.1 磁路的基本概念

5.1.1 磁场的基本物理量

磁路实质上是局限在一定路径内的磁场,故磁路问题本质上就成了局限于一定路径内的磁场问题。磁场中的各个基本物理量也适用于磁路,现简述如下:

(1)磁感应强度 B

磁感应强度 B 是描述空间某点磁场强弱与方向的物理量。定义为单位正电荷 q 以单位速度 v 沿垂直方向运动时所受到的电磁力 F,即

$$B = \frac{F}{qv} \tag{5.1.1}$$

在国际单位制(SI)中,各量的单位分别为:F,牛[顿](N);q,库[仑](C);v,米每秒(m/s);B,特[斯拉](T)。

B 的方向即该点的磁场方向,与产生该磁场的电流之间的方向关系符合右手螺旋法则。

(2)磁通量 ϕ

磁通量 ϕ(或称为磁通)是表示穿过某一截面 S 的磁感应强度矢量 B 的通量,也可理解穿过该截面的磁力线总数。在均匀磁场中,如果 S 与 B 垂直,则有

$$\phi = B \cdot S \tag{5.1.2}$$

式中各量的 SI 单位为：B，特[斯拉]（T）；S，平方米（m^2）；ϕ，韦[伯]（Wb）。

（3）**磁场强度 H**

将磁介质放入磁场中，它将受到磁场的作用力而被磁化，并且产生附加磁场。该磁场的出现反过来又影响外磁场，从而引起原有空间磁感应强度 B 的变化。不同的介质对磁场的影响也不同，可见，磁感应强度 B 与介质有关，所以磁感应强度 B 的计算比较复杂。为了便于找出磁场与激励电流之间的关系，引入了另一个物理量，即磁场强度 H。

磁场中某点的磁场强度 H 的大小等于该点的磁感应强度 B 与介质磁导率 μ 的比值，即

$$H = \frac{B}{\mu} \tag{5.1.3}$$

在国际单位制（SI）中，H 的单位为安/米（A/m）。

显然，磁场强度 H 的大小只与其激励电流有关，而与介质材料的磁导性能无关。H 也是一个矢量，其方向与该点的磁感应强度方向一致。

（4）**磁导率 μ**

磁导率是表示物质导磁性能的物理量。其 SI 单位是亨/米（H/m）。由实验测出，真空中的磁导率 $\mu_0 = 4\pi \times 10^{-7}$ H/m。$\mu \approx \mu_0$ 的物质称为非磁性材料；$\mu \gg \mu_0$ 的物质称为铁磁性材料。

5.1.2 铁磁性材料的磁性能

（1）**铁磁性物质的磁化**

在铁磁性物质内部存在许多体积约 $10^{-9} cm^3$ 的磁化小区域，称为磁畴。在没有外磁场作用时，这些磁畴的排列是无序的，它们所产生的磁场的平均值几乎等于零，对外不显示磁性，如图 5.1.1（a）所示。但是，在一定的外磁场作用下，这些磁畴将转向外磁场方向，呈有序排列，如图 5.1.1（b）所示，显示出很强的磁性，形成磁化磁场，从而使铁磁性物质内的磁感应强度 B 大大增强，这就是铁磁性物质在外磁场作用下产生的磁化现象。

非磁性材料内没有磁畴结构，所以不具有磁化特性。

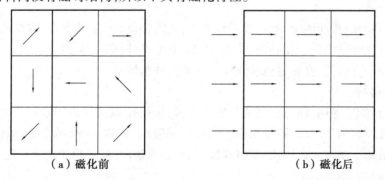

（a）磁化前　　　　　　　　　　　　（b）磁化后

图 5.1.1　铁磁性物质的磁化

（2）**高导磁性**

磁化现象使铁磁性材料具有高导磁性能，其磁导率很大，是工业生产中制造电机、电器与电工仪表的主要材料。利用铁磁性物质的高导磁性，可用较小的励磁电流产生足够大的磁通，如优质的铁磁性物质可使相同容量的变压器或电动机的质量和体积大大减小。

（3）**磁饱和性**

铁磁性材料还具有磁饱和性。此特点充分反映在它的 B-H 曲线或磁化曲线上。如图

5.1.2所示,由曲线可知,B-H关系是非线性的,当H较小时,B增长很快,如曲线的Oa段,随后B的增长就逐渐缓慢了;过了b点后,即便H(或I)增加很大,B(或ϕ)的数值几乎不再增长,即进入饱和状态。

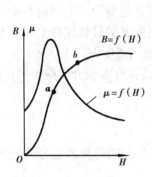

图5.1.2　磁化曲线

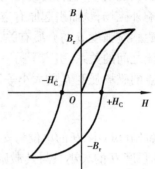

图5.1.3　铁磁性物质的磁滞回线

(4)磁滞性

磁滞性表现在铁磁性物质在交变磁场中反复磁化时,磁感应强度B的变化总是滞后于磁场强度H的变化,如图5.1.3所示。当H减小时,B也随之减小,但当$H=0$时,B并未能回到0值,而是等于B,B称为剩磁。若要使B等于0(去掉剩磁),则应使铁磁性材料反向磁化,即施加一反向磁场强度$(-H_C)$,H_C称为矫顽力。由于$B=f(H)$回线表现了铁磁材料的磁滞性,故称为磁滞回线。

磁滞性是由于分子热运动所产生的。在交变磁化过程中,磁畴在外磁场作用下不断转向,但它的分子热运动又阻止其转向。故磁畴的转向总是跟不上外加磁场的变化,从而产生了磁滞现象。

(5)铁磁性物质的分类和用途

不同的铁磁性物质具有不同的磁滞回线,其剩磁和矫顽力也不同,故具有不同的用途。

1)软磁性材料

软磁性材料的磁滞回线窄,剩磁及矫顽力小,磁滞损耗小,磁导率高,容易被磁化,但去掉外磁场后,磁性大部分消失。如硅钢、铸铁、铸钢、电工钢、坡莫合金、铁氧体等都属于软磁性材料,常被用来制造变压器、交流电机和各种继电器的铁芯等。

2)硬磁性材料

硬磁性材料的磁滞回线较宽,剩磁及矫顽力大,须用较强的外磁场才能使之磁化,但去掉外磁场后,磁性不易消失,将保留下很强的剩磁。如碳钢、钴钢、铝镍钴合金、钕铁硼等都属于硬磁性材料,适用于制造永久磁铁、磁电式仪表、永磁式扬声器、耳机中的永久磁铁和小型直流电机中的永磁磁极等。

3)矩磁性材料

矩磁性材料的磁滞回线几乎成矩形,矫顽力小,剩磁大,易磁化,并且去掉外磁场后,磁性不易消失,将保留很强的剩磁。如镁锰铁氧体及锂锰铁氧体等,适用于存储与记录信号,用来制作记忆元件,比如计算机内部存储器的磁芯和外部设备中的磁鼓、磁带及磁盘等。

5.2　变压器

变压器是根据电磁感应原理制成的一种静止的电气设备,它具有变换电压、电流、阻抗等作用,被广泛应用于电力系统、测量系统、电子线路和电子设备。

5.2.1　变压器的用途、分类和基本结构

(1)变压器的用途和分类

从发电厂发出来的交流电,经过电力系统传输和分配到用户(负载),图 5.2.1 为一个简单的电力系统示意图。为了减少输电时线路上的电能和电压损失,一般采用高压输电,比如110 kV、220 kV、330 kV、500 kV 等。发电机发出的电压(如 10 kV),首先经过变压器升高电压后再经输电系统送到用户地区;到了用户地区后,还需要先把高电压降到 35 kV 以下,再按用户的具体需要进行配电。用户需要的电压等级一般为 6 kV、3 kV、380/220 V 等。在输配电中会升压和降压多次,因此变压器的安装容量是发电机容量的 5 ~ 8 倍。这种用于电力系统中的变压器称为电力变压器,它是电力系统中的重要设备。

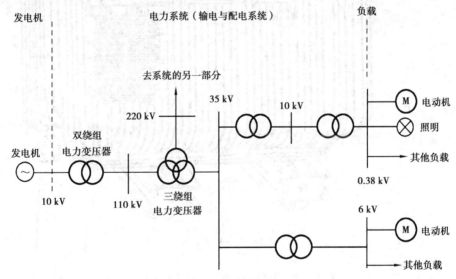

图 5.2.1　简单的电力系统示意图

变压器的种类很多,按交流电的相数不同,一般分为单相变压器和三相变压器;按用途分为输配电用的电力变压器,局部照明和控制用的控制变压器,用于平滑调压用的自耦变压器,电加工用的电焊变压器和电炉变压器,测量用的仪用互感器以及电子线路和电子设备中常用的电源变压器、耦合变压器、输入/输出变压器、脉冲变压器等。

(2)变压器的基本结构

变压器的种类很多,结构形状各异,用途也各不相同,但其基本结构和工作原理却是相同的。变压器的主要结构是铁芯、绕组、箱体及其他零部件,图 5.2.2 是目前普遍使用的油浸式电力变压器的外形示意图,对之简述如下:

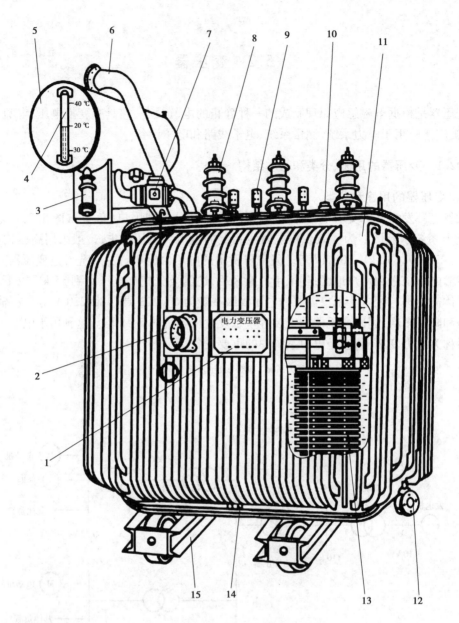

图 5.2.2 油浸式电力变压器外形示意图

1—铭牌;2—讯号式温度计;3—吸湿器;4—油表;5—储油柜;6—安全继电器;

7—气体继电器;8—高压导管;9—低压导管;10—分接开关;11—油箱;

12—放油阀门;13—器身;14—接地板;15—小车

1)铁芯

铁芯是变压器的主磁路,又是绕组的支撑骨架。为了减少铁芯内的磁滞和涡流损耗,通常采用含硅量为 5%、厚度为 0.35 mm 或 0.5 mm 两平面涂绝缘漆或经氧化膜处理的硅钢片叠装而成。

按绕组套入铁芯的形式,变压器分为心式和壳式两种,如图 5.2.3 所示。

心式变压器的绕组套在铁芯的两个铁芯柱上,如图 5.2.3(a)所示。此种结构比较简单,有较多的空间装设绝缘,装配容易,适用于容量大、电压高的变压器,一般的电力变压器均采用心式结构。

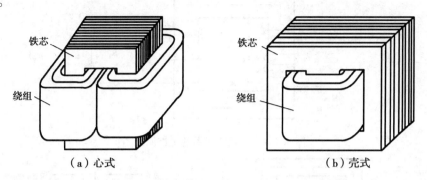

图 5.2.3　心式和壳式变压器结构示意图

壳式变压器的铁芯包围着绕组的上下和两个侧面,如图 5.2.2(b)所示。这种结构的机械强度好,铁芯容易散热,但外层绕组的铜线用量较多,制造也较为复杂,小型干式变压器多采用这种结构形式。

2)绕组

绕组是变压器的电路部分,一般用高强度漆包铜线(也可用铝线)绕制而成。

接高压电网的绕组称高压绕组,接低压电网的绕组称低压绕组,根据高、低压绕组的相对位置,可分为同心式和交叠式两种不同的排列方法。

3)油箱及其他零部件

油箱油浸式变压器的外壳就是油箱,箱内盛有用来绝缘的变压器油,它在绝缘的同时还保护了铁芯和绕组不受外力和潮湿的侵蚀,并通过油的对流作用,将铁芯和绕组产生的热量传递到油箱壁而散到周围介质中去。

储油柜又称油枕,是一个圆筒形容器,装在油箱上,用管道与油箱相连,使油刚好充到油枕的一半。油面的高度被限制在油枕中,通过外部的玻璃油表可以看到油面的高低。

绝缘导管由外部的瓷套与中心的导电杆组成,其作用是使高、低压绕组的引出线与变压器箱体绝缘。

变压器除上述几种基本部件外,还有分接开关、气体继电器、安全气道、测温器等。在5.2.2中已标出了它们的外形及安装位置,不再赘述。

5.2.2　变压器的工作原理

图 5.2.4 是单相变压器的工作原理图。它有高、低压两个绕组,其中接电源的绕组称为一次绕组(又称"原边"或"初级绕组"),匝数为 N_1,其电压、电流、电动势分别用 u_1、i_1、e_1 表示;与负载相接的绕组称为二次绕组(又称"副边"或"汐级绕组"),匝数为 N_2,其电压、电流、电动势分别用 u_2、i_2、e_2 表示,图中标明的是它们的参考方向。

变压器的工作原理涉及电路、磁路以及它们的相互联系等方面的问题,比较复杂。为了便于分析,在此只简单分析变压原理。

变压器的空载运行是指原绕组接在正弦交流电源 u_1 上,副绕组开路不接负载($i_2=0$),如图 5.2.5 所示。在 u_1 的作用下,原绕组中有电流 i_1 通过,此时,$i_1=i_0$ 称为空载电流。它在原边建立磁动势 i_0N_1,在铁芯中产生同时交链着原、副绕组的主磁通 ϕ,主磁通 ϕ 的存在是变压器运行的必要条件。

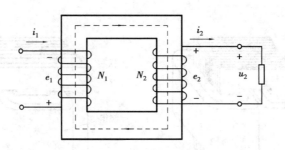

图 5.2.4 单相变压器的工作原理图

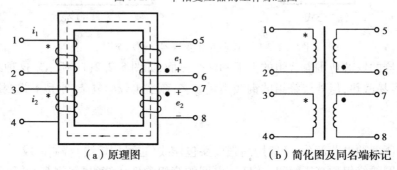

（a）原理图   （b）简化图及同名端标记

图 5.2.5 多绕组变压器

根据电磁感应原理,经数学推导得到

$$\frac{U_1}{U_2} \approx \frac{E_1}{E_2} = \frac{N_1}{N_2} = K \qquad (5.2.1)$$

式(5.2.1)中 K 称为变压器的变压比(简称为变比),该式表明变压器原、副绕组的电压与原副绕组的匝数成正比。当 $K > 1$ 时,为降压变压器;当 $K < 1$ 时,为升压变压器。对于已经制成的变压器而言,K 值一定,故副绕组电压随原绕组电压的变化而变化。

5.2.3 变压器绕组的极性

当变压器具有两个或两个以上的原绕组和多个副绕组时,可以将绕组串联,以提高电压;或将绕组并联,以增大电流。此时必须注意绕组的正确连接,接线错误有可能损坏变压器。

(1)同名端(也叫同极性端)

图 5.2.5(a)为一个多绕组变压器,当电流 i_1 和 i_2 分别从绕组的 1 端和 3 端流入时,铁芯产生的磁通方向是一致的(满足右手螺旋法则),称 1 端和 3 端是其同名端,显然,2 端和 4 端也是其同名端。同名端的概念还可以这样理解:当电流从两个绕组的同名端流入时,产生的磁通方向相同,是相互加强的。

在变压器的绕组中,常用" ＊ ""△"或" · "作为同名端的标记,如图 5.2.5(b)所示。

当两绕组串联时,应将其异名端 2 与 3 相连接,1 和 4 接电源,如图 5.2.6(a)所示。假如连接错误,如图 5.2.6(b)所示,在任何时刻两绕组中产生的磁通就相互抵消,铁芯中不产生磁通,绕组中也就没有感应电压,外加的电源电压全部加在绕组内阻上,原绕组中将流过很大的电流,变压器会因为迅速发热而烧毁。

当两绕组并联时,应将两绕组的同名端 1 与 3 相连接、2 与 4 相连接,然后再接电源,如图 5.2.7 所示。

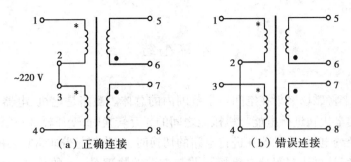

图 5.2.6 两绕组的串联

同理,变压器的副边也有串联和并联两种连接方式。但必须注意,只有完全相同的两个绕组才可以并联使用,不然,可能会因为两绕组中的感应电压不同而在绕组中产生环流而烧毁绕组。

(2)同名端的测定

绕组的同名端取决于它们的绕向及相对位置。在实际工程中,由于绕组要经过浸漆、封装及其他工艺处理,从外观上已不能辨认绕组的绕向,需要用实验的方法来测定。通常可用下述两种方法来测定变压器的同名端。

1)直流法

用直流法测定绕组同名端的电路如图 5.2.8(a)所示。图中 1、2 为一个绕组的两端,3、4 为另一个绕组的两端。当开关 S 闭合的瞬间,若观测到直流电压表的指针正向偏转,则 1 和 3 是同名端;若指针反向偏转,则 1 和 4 是同名端。

2)交流法

用交流法测定同名端的电路如图 5.2.8(b)所示。将两个绕组的任意两个接线端(比如 2 和 4)连接在一起,并在其中任一绕组的两端(比如 1、2 两端)加上一个较低的便于测量的交流电压。用交流电压表分别测量 U_{12}、U_{34} 和 U_{13},如果测得结果是:$U_{13} = U_{12} + U_{34}$,则 1、4 为同名端;若 $U_{13} = U_{12} - U_{34}$,则 1、3 为同名端。

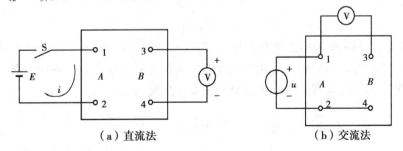

图 5.2.8 绕组同名端的测定

5.2.4 变压器的额定值

额定值是变压器制造厂家根据国家技术标准,对变压器正常可靠工作所作的使用规定,由于额定值通常是标注在铭牌上,故又称为铭牌值。

本章小结

1. 磁路是用来将磁场聚集在空间一定范围内的总体。磁路是电机、电器与电工仪表的重要组成部分,各类电机在进行电能与机械能之间的相互转换时,变压器在进行不同等级电压与电能转换时,以及继电器、接触器在进行电路的切换时,磁路都起着非常重要的作用。

2. 磁感应强度是描述空间某点磁场强弱与方向的物理量。S 的单位为特[斯拉](T),S 的方向即该点的磁场方向,与产生该磁场的电流之间的方向关系符合右手螺旋法则。磁感应强度 B 的大小与介质的磁导率 u 有关。

3. 磁通量(或称为磁通)是表示穿过某一截面 S 的磁感应强度矢量 S 的通量,也可理解为穿过该截面的磁力线总数磁通量的单位为韦[伯](Wb),其方向与 B 的方向一致。

4. 磁场中某点的磁场强度 H 的大小等于该点的磁感应强度 B 与介质磁导率 p 的比值,即磁场强度 H 的大小只与其激励电流有关,而与介质材料的磁导性能无关。H 也是一个矢量,其方向与该点的磁感应强度方向一致。

5. 磁导率 M 是表示物质导磁性能的物理量。其 SI 单位是亨/米(H/m)。由实验测出。

6. 铁磁性材料的磁性能表现在以下几方面:

①铁磁性物质的磁化;

②高导磁性;

③磁饱和性;

④磁滞性。

7. 变压器是根据电磁感应原理制成的一种静止的电气设备,它具有变换电压、电流、阻抗的作用。无论变压器是空载运行还是负载运行,只要电源电压的大小和频率不变,其主磁通的最大值就近似不变。

习　题

1. 什么是磁通、磁感应强度、磁场强度、磁导率? 它们的符号、单位及物理含义各是什么?

2. 什么是铁磁性材料? 它们有哪些磁性能? 大致可分为哪几类? 各有何用途?

3. 变压器的基本结构有哪些? 各部分的主要作用是什么?

第 **6** 章
电动机及控制基础

电机是发电机和电动机的统称,是一种实现机械能和电能相互转换的电磁装置。将机械能转变为电能的装置称为发电机,将电能转变为机械能的装置称为电动机。由于电源分为交流电源和直流电源,故电机也分为交流电机和直流电机两大类。直流电机分为直流发电机和直流电动机两大类。直流发电机是过去工业用直流电的主要电源,被广泛地应用在电解、电镀等设备中,也可作为大型同步电机的励磁机和直流电动机的电源。近年来,由于晶闸管变流技术的发展及其应用,直流发电机已逐步被取代。直流电动机具有良好的启动性能和调速性能,因而被广泛应用于电力牵引、轧钢机、起重设备,以及要求调速范围广的各种机床、设备中,但是,直流电动机的结构复杂,造价高,维护困难,运行可靠性差。

交流电机分同步电机和异步电机两大类,无论哪一种交流电机都既可作发电机,也可作电动机运行。同步电机具有效率高、过载能力强等优点,但制造工艺复杂,启动困难,运行维护麻烦,故多用于特殊场合,比如用作发电机或拖动大负载等。异步电机具有构造简单、价格便宜、工作可靠、坚固耐用,使用和维护方便等优点,因此得到了极为广泛的使用。

本章主要讨论交流异步电机,并以异步电动机为主体,重点分析三相交流异步电动机的结构、工作原理和运行特性等。

6.1 三相交流异步电动机

6.1.1 三相交流异步电动机的基本结构及铭牌数据

(1)三相交流异步电动机的基本结构

三相交流异步电动机由两个基本部分组成:固定不动的部分称为定子,转动的部分称为转子。为了保证转子能在定子腔内自由地转动,定子与转子之间需要留有 0.2 ~ 2 mm 的空隙,如图 6.1.1 所示。

1)定子

定子由机座、定子铁芯和定子绕组三部分组成。

①机座主要用来固定定子铁芯和定子绕组,并以前后两个端盖支承转子的转动,其外表还

有散热作用。中、小型机一般用铸铁制造,大型机多采用钢板焊接而成。为了搬运方便,机座上常装有吊环。

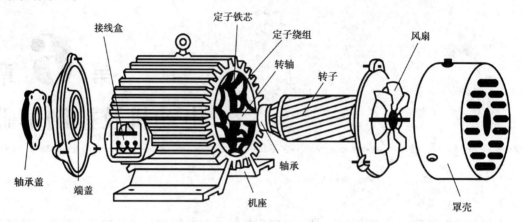

图 6.1.1　二相异步电动机的结构

②定子铁芯是电机磁路的一部分。为了减少磁滞和涡流损耗,它常用 0.35 mm 或 0.5 mm 厚的硅钢片叠装而成。铁芯内圆上冲有均匀分布的槽,以便嵌放定子绕组,如图 6.1.2 所示。

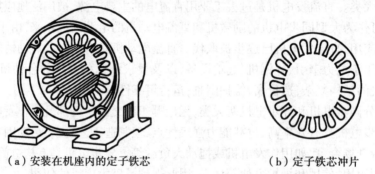

（a）安装在机座内的定子铁芯　　　　（b）定子铁芯冲片

图 6.1.2　定子铁芯

③定子绕组是电机的电路部分。一般采用高强度聚酯漆包铜线或铝线绕制而成。三相定子绕组对称分布在定子铁芯槽中,每一相绕组的两端分别用 U_1-U_2,V_1-V_2,W_1-W_2 表示,可根据需要接成星形(Y)或三角形(△),如图 6.1.3 所示。

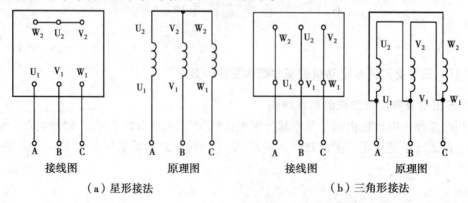

接线图　　　　　　　原理图　　　　　　接线图　　　　　　　原理图
（a）星形接法　　　　　　　　　　　　（b）三角形接法

图 6.1.3　三相定子绕组的连接方式

2）转子

转子由转子铁芯、转子绕组和转轴三部分组成。

①转子铁芯是电机磁路的一部分，常用0.5 mm厚的硅钢片叠装成圆柱体，并紧装在转轴上。铁芯外圆上冲有均匀分布的槽，以便嵌放转子绕组，如图6.1.4（a）所示。

转子绕组分为笼型和绕线型两种。

A.笼型绕组是在转子铁芯槽中嵌放裸铜条或铝条，其两端用端环连接。由于形状与鼠笼相似，故称为鼠笼转子，简称笼型转子，如图6.1.4（b）、（c）所示。

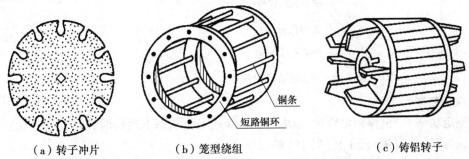

（a）转子冲片　　　　　　（b）笼型绕组　　　　　　（c）铸铝转子

铜条
短路铜环

图6.1.4 转子铁芯冲片及笼型转子示意图

B.绕线式转子绕组与定子绕组相似，也是由绝缘的导线绕制而成的三相对称绕组，其极数与定子绕组相同。转子绕组一般接成星形，三个首端分别接到固定在转轴上的三个滑环（也称集电环）上，由滑环上的电刷引出与外加变阻器连接，构成转子的闭合回路，如图6.1.5所示。

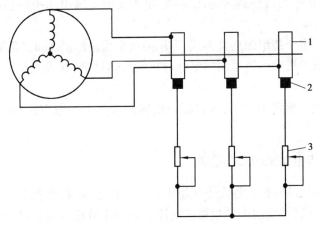

图6.1.5 绕线式转子连接示意图

1—集电环；2—电刷；3—变阻器

②转轴的作用是支撑转子，传递和输出转矩，并保证转子与定子之间的圆周有均匀的空气隙。转轴一般用中碳钢棒料经车削加工而成。

3）空气隙

空气隙也是电机磁路的一部分。气隙越小，磁阻越小，功率因数越高，空载电流也就越小。中小型电动机的气隙一般为0.2～2 mm。

（2）三相异步电动机的铭牌数据

每一台电动机出厂时，在机座上都有一块铭牌，上面标有电动机的型号、规格和有关技术数据。

1）型号

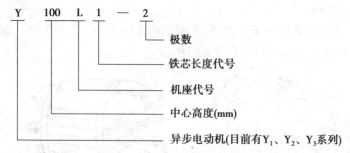

极数

铁芯长度代号

机座代号

中心高度(mm)

异步电动机(目前有Y_1、Y_2、Y_3系列)

2）额定数据

①额定功率P_N也称额定容量，指电动机在额定工作状态下运行时，转轴上输出的机械功率。单位为瓦［特］（W）或千瓦［特］（kW）。

②额定电压U_N指电动机定子绕组规定使用的线电压。单位为伏［特］（V）。

③额定电流I_N指电动机在额定电压下，输出额定功率时，流过定子绕组的线电流。单位为安［培］（A）。

④额定频率f_N指电动机所接交流电源的频率，单位为赫［兹］（Hz）。我国规定电力网的频率为50 Hz。

⑤额定转速n_N指电动机在额定电压、额定频率及额定输出功率的情况下，转子的转速。单位为转/分（r/min）。

⑥接法指电动机定子绕组的连接方式，常用的接法为星形（Y）和三角形（△）两种。

⑦绝缘等级指电动机绕组所采用的绝缘材料的耐热等级，它表明了电动机所允许的最高工作温度。

⑧定额指电动机在额定条件下，允许运行的时间长短。一般有连续、短时和周期性断续三种工作制。

6.1.2　三相异步电动机的工作原理

在三相异步电动机的对称三相定子绕组中通入三相电源后，会在其铁芯中产生一个旋转磁场，通过电磁感应在转子绕组中产生感应电流。该感应电流与旋转磁场相互作用产生电磁转矩，从而驱动转子旋转。

（1）旋转磁场的产生

图6.1.6为三相定子绕组接线示意图（Y形连接），三相定子绕组U_1-U_2，V_1-V_2，W_1-W_2对称分布（互差120°电角度）在定子铁芯槽内。当接入对称三相交流电源后，则有对称三相电流通过绕组。设每相电流的瞬时值表达式为

$$i_U = I_m \sin \omega t$$

$$i_V = I_m \sin(\omega t - 120°)$$

$$i_W = I_m \sin(\omega t + 120°)$$

其波形图如图6.1.7所示。

为了研究方便,规定电流从绕组的首端流入时取正,从尾端流入时取负。

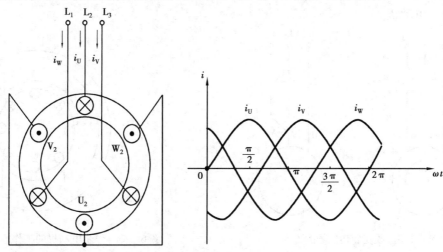

图6.1.6　三相定子绕组接线示意图　　　　图6.1.7　三相对称电流波形图

当对称三相电流通入对称三相绕组时,必然会产生一个大小不变、转速一定的旋转磁场。

(2)旋转磁场的转速和转向

当旋转磁场具有 p 对磁极时,交流电每变化一周,其旋转磁场就在空间转动 $1/p$ 周。因此,三相交流电机定子旋转磁场每分钟的转速 n ,定子电流频率 f 及磁极对数 p 之间的关系为

$$n_1 = \frac{60f_1}{p} \tag{6.1.1}$$

旋转磁场的转速 n_1 又称为同步转速。我国三相电源的频率规定为 50 Hz,于是,由式(6.1.1)可得出不同磁极对数 p 的旋转磁场转速 n_1 ,见表6.1.1。

表6.1.1　不同磁极对数的旋转磁场转速

p	1	2	3	4	5	6
$n_1/(\mathrm{r \cdot min^{-1}})$	3 000	1 500	1 000	750	600	500

旋转磁场的转向由定子绕组中通入电流的相序来决定。欲改变旋转磁场的转向,需要改变通入三相定子绕组中电流的相序,即将三相定子绕组首端(U_1 、 V_1 、 W_1)的任意两根与电源相连的线对调,就改变了定子绕组中电流的相序,旋转磁场的转向也就改变了,如图6.1.8所示。

(3)异步电动机的工作原理

两极三相异步电动机,如图6.1.9所示。

三相对称定子绕组中通入三相对称交流电,电机气隙中产生一个转速为 n_1 的旋转磁场。该磁场将切割转子绕组,在转子绕组中产生感应电动势。由于转子绕组是闭合的,则会在转子绕组中产生感应电流,转子中的感应电流又处于定子旋转磁场中,与磁场相互作用而产生电磁转矩,从而使转子沿着旋转磁场的方向旋转起来。但转子的转速 n 永远小于旋转磁场的转速 n_1 ,只有保持一定的转速差,才能使转子导体相对磁场产生切割运动而产生感应电流。如果没

有切割运动,就不会产生感应电流,也就不会产生电磁转矩,当然转子就无法旋转起来。异步电动机的名称就是由此而得来,又由于这种电机是借助于电磁感应而传递能量的,故又称为感应式异步电动机。

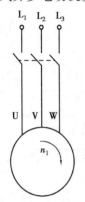
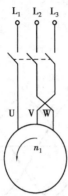

图 6.1.8　改变旋转磁场的方向

图 6.1.9　异步电动机的工作原理示意图

6.1.3　三相交流异步电动机的使用

三相交流异步电动机的使用主要包括电机的启动、反转、调速和制动等内容。

(1)交流异步电动机的启动

异步电动机接入三相电源后,转子从静止状态过渡到稳定运行状态的中间过程称为启动。异步电动机在启动瞬时,因为转子是静止不动的,所以旋转磁场与转子的相对切割速度最大,故会在转子绕组中产生很大的感应电动势和感应电流,电动机直接启动时的定子电流一般为其额定电流的 6 ~ 7 倍。过大的启动电流不但会使电动机出现过热现象,而且还会在线路上产生较大的电压降,影响接在同一线路上的其他负载的正常运行。

异步电动机在启动时,虽然启动电流很大,但因其功率因数甚低,所以启动转矩较小,将使启动速度变慢,启动时间延长,甚至不能启动。

由此可知,异步电动机的启动电流大与启动转矩小是启动时存在的主要问题。为此,需在启动时限制启动电流,以获得适当的启动转矩,根据不同类型与不同容量的异步电动机采取不同的启动方式。下面对笼型异步电动机常用的几种启动方式进行讨论。

1)直接启动

所谓直接启动,就是将电动机的定子绕组直接接到具有额定电压的三相电源上,故又称全压启动。直接启动的优点是启动设备和操作都比较简单,缺点就是启动电流大,启动转矩小。一台电动机能否直接启动,各地供电部门有不同的规定,一般规定如下:

如果用电单位由独立的变压器供电,若电动机启动频繁,当电动机容量小于变压器容量的 20% 时,允许直接启动;若电动机不是频繁启动,则其容量小于变压器容量的 30% 时,允许直接启动。如果没有独立的供电变压器,以电动机启动时电源电压的降低量不超过额定电压的 5% 为准则。

凡不符合上述规定者只能采用降压启动。

2)降压启动

所谓降压启动,就是在电动机启动时采用启动设备降低加在电动机定子绕组上的电压来限制启动电流,待启动完毕电动机达到额定转速时再恢复至全压,使电动机正常运行。

因为启动转矩与电压的平方成正比,所以降压启动在减少启动电流的同时,也会使启动转矩下降较多,故降压启动只适用于在空载或轻载下启动的电动机。

下面介绍几种常用的降压启动方法:

①Y-△降压启动。

若电动机在正常工作时,其定子绕组是三角形连接,则启动时就可以把它改接成星形,待启动完成后再换接成三角形。这样,在启动时就把电动机每相定子绕组上的电压降低到正常工作电压的 $1/\sqrt{3}$,可使启动电流减少到直接启动时的1/3,其原理如图 6.1.10 所示。

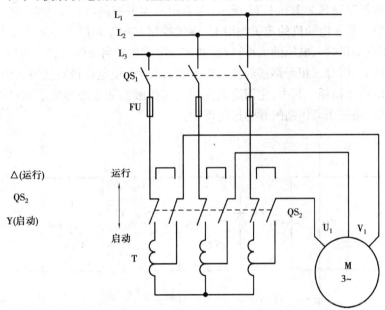

图 6.1.10　Y-△降压启动原理图

Y-△降压启动具有设备简单,体积小,成本低,使用寿命长,操作可靠等优点,因此得到了广泛的应用。

②自耦变压器降压启动。

自耦变压器降压启动,是利用三相自耦变压器将电动机启动时的端电压降低,以减小启动电流,图 6.1.11 是其启动原理图。启动程序是:先合上电源开关 QS_1 ,然后将启动器上的手柄开关 QS_2 扳到"启动"位置,电网电压经自耦变压器降压后送到电动机定子绕组上,实现降压启动;待电动机转速上升到接近额定转速时,再将 QS_2 迅速扳至"运行"位置,切除自耦变压器,电动机定子绕组直接接通三相电源,在额定电压下正常运行。

自耦变压器常有多个抽头,使其输出电压分别为电源电压的60%、60%、80%(或 55%、66%、73%),可供用户根据对启动转矩的要求不同而选择。

若自耦变压器的变比为 K ,则启动时的启动电流和

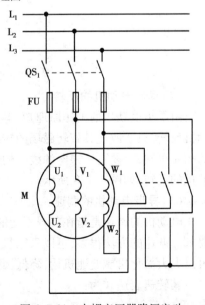

图 6.1.11　自耦变压器降压启动

133

启动转矩均减小为直接启动时的$1/K^2$，这种启动方式不宜用于频繁启动的场合。

总之，上述降压启动以减小启动电流为目的，但启动转矩也随之被减小了，故降压启动一般是用于笼型异步电动机在轻载或空载下的启动。

③电子软启动器。

近年来，随着电力电子技术以及智能控制技术的不断发展，电子软启动器已经逐步取代了传统的启动方法，例如，前已述及的 Y-△降压启动、自耦变压器降压启动等。所谓的电子软启动器，就是使用晶闸管调压技术，采用单片机控制的启动器，在用户规定的启动时间内自动地将启动电压平滑地上升到额定电压，从而达到有效控制启动电流的目的。

软启动器的控制原理如图6.1.12所示，它采用三相平衡调压式主电路，将三对反向并联的大功率晶闸管串接于电动机的定子绕组上，通过控制其触发角的大小来改变晶闸管的导通程度，由此控制电动机输入电压的大小，以达到实现电动机软启动的过程。当电动机启动完成并达到额定电压时，闭合三相旁路接触器 KM，短接晶闸管，使电动机直接投入电网运行，以避免晶闸管元件的持续损耗。其中，主回路的晶闸管和接触器随系统容量不同可以选择不同的器件。RC 串联支路是用来作晶闸管的过压保护。

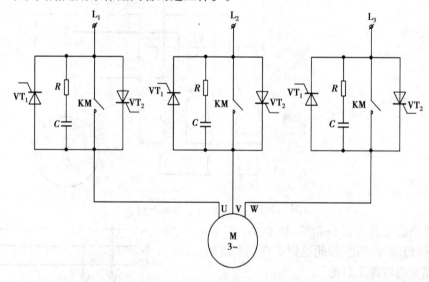

图6.1.12　软启动器主回路示意图

（2）异步电动机的反转

由异步电动机的工作原理知，电动机转子的旋转方向与旋转磁场的转向相同，假若需要电动机反转，只要改变其旋转磁场的转向即可。根据旋转磁场的转向与通入定子绕组三相电源的相序可知，只要将三根电源线中的任意两根对调，改变接入电动机电源的相序，就能实现电动机的反转，如图6.1.8所示。

（3）异步电动机的调速

电动机的调速是指在负载不变的情况下，人为地改变电动机的转速，以满足各种生产机的要求。调速的方法很多，可以采用机械调速（变速机构），也可以采用电气调速。由于电调速可以大大简化机械变速机构，降低调速成本，并获得较好的调速效果，故得到了广泛的应用。

其转速表达式为：

$$n = (1 - S) \frac{60 f_1}{p}$$

由上式可知:异步电动机的转速可以通过改变定子电源的频率 f_1;电机的磁极对数 p 和转差率 S 来调节。

1)变频调速

改变电源频率 f_1 是一种很有效的无级调速方法,由于电网频率是工频 50 Hz,若要改变,必须配备较为复杂的变频设备,目前采用变频器调速已非常普遍,它不仅可用于调速,还可用于电动机的软启动和软制动。

2)变极调速

变极调速是通过改变电动机磁极对数的一种调速方法,由于磁极对数只能成对地改变,所以它属于有级调速。

3)变转差率调速

改变转差率的调速方法有:改变电源电压、改变绕线式转子的转子回路电阻等。

(4)异步电动机的制动

所谓制动,就是刹车。当切断电动机的交流电源后,由于电动机转动部分的惯性作用,它将继续转动一定时间才能慢慢地停下来。为了提高生产效率,或从工作的安全、可靠角度考虑,就要求电动机能既快而又准确地停车,为此,必须对电动机进行制动控制。即当电动机断开交流电源后,给它施加一个与转动方向相反的转矩,使电动机很快停转的方法称为制动。

三相异步电动机的制动可分为机械制动和电气制动两大类。

1)机械制动

机械制动是利用机械装置使电动机在交流电源切断之后迅速停止转动的方法。比较常见的机械制动器是电磁抱闸、电磁摩擦片制动器及磁粉制动器等。

2)电气制动

电气制动是在电动机转子上产生一个与转动方向相反的电磁转矩,以作为制动力矩,迫使电动机迅速停止转动。电气制动方法很多,常用的有反接制动和能耗制动。

①反接制动。

反接制动是在切断三相电源后,立即将三根电源线中的任意两根对调后,再接入电动机的定子绕组(其操作方法与电动机的反转相同),如图 6.1.13 所示。此时,旋转磁场反向,而转子由于惯性仍按原方向转动,故电动机在反向旋转磁场的作用下,产生与转子转动方向相反的制动转矩,促使电动机迅速减速。当电机转速接近零时,应立即切断电源,防止电动机反转,反接制动过程结束。

制动时,由于转子与旋转磁场的相对转速为 $n + n_0$ 很大,会产生很大的制动电流和制动转矩,所以,反接制动的优点是:制动方法简单,制动过程迅速,制动效果好。反接制动的缺点是:制动时有机械冲击,能量损耗较大。

②能耗制动。

能耗制动是在切断三相电源后,立即在其定子绕组中通入直流电,如图 6.1.14 所示。此时,电动机内将产生一个稳恒直流磁场,转子由于惯性仍按原方向转动而切割静止磁场,在转子绕组中产生感应电动势和感应电流,转子感应电流与静止磁场相互作用,产生与转子转动方向相反的制动转矩,使电动机迅速停转。

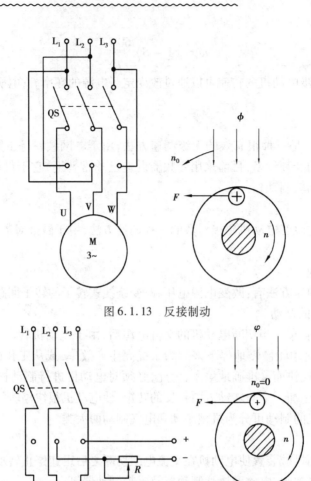

图 6.1.13　反接制动

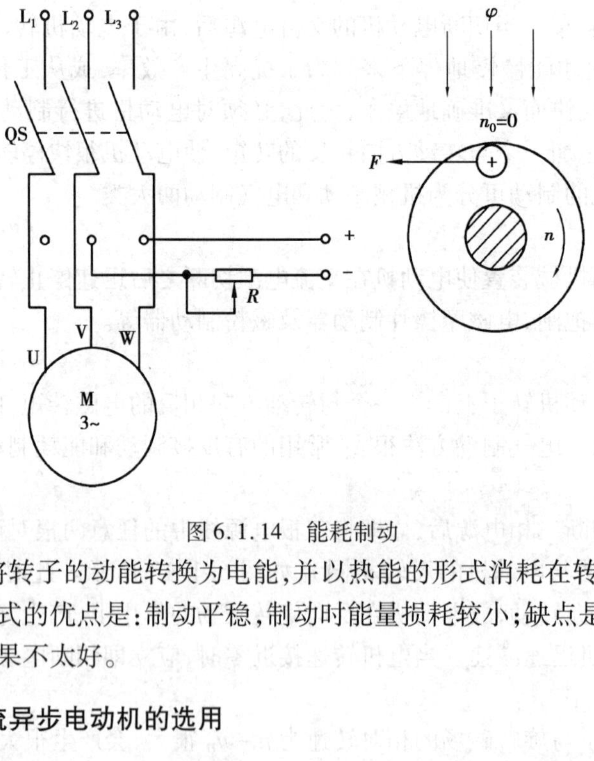

图 6.1.14　能耗制动

在制动过程中,将转子的动能转换为电能,并以热能的形式消耗在转子电阻上,故称为能耗制动。此种制动方式的优点是:制动平稳,制动时能量损耗较小;缺点是需要外接直流电源,而且在低速时制动效果不太好。

6.1.4　三相交流异步电动机的选用

三相交流异步电动机是电力拖动系统中的主要动力。在拖动系统中,电动机的选择包括确定电动机的种类、电动机的结构形式、电动机的额定电压、额定转速和额定功率等。

（1）**电动机选择的基本原则**

①电动机应满足生产机械提出的有关机械特性的要求（即电动机种类的选择）。

②电动机的结构形式应满足安装要求和周围环境要求。

③电动机在工作中,应最经济合理地选用电动机的功率,使其额定功率得以充分利用。

（2）**电动机种类的选择**

选择电动机的种类，首先要考虑的是电动机的性能是否满足生产机械的要求。在此前提下，优先选用结构简单、运行可靠、价格便宜、维护方便的电动机。

①由于三相笼型异步电动机具有结构简单、价格便宜、维护方便、体积小、质量轻等优点，所以，在选择三相异步电动机时，首先应考虑笼型，比如切削机床、水泵、通风机等生产机械。

②对于启、制动频繁，要求启动转矩大、启动电流小以及机械特性硬的生产机械，宜选用绕线式异步电动机，比如起重机、矿井提升机、电梯等生产机械。

（3）**电动机结构形式的选择**

在选择电动机时，还要注意电动机的结构形式。

1）按工作方式分

按生产机械不同工作制，相应选择连续、短时、周期性断续工作制的电动机。

2）按安装方式分

卧式电机的转轴是水平安放的，故水平安装的电动机应选卧式；立式电机的转轴是垂直于地面安装的，故垂直安装的电动机应选立式。这两种电机的价格是不同的，立式的更贵。

3）按防护方式分

电机的各种类型中，开启式适用于干燥、清洁及安全的环境；防护式适用于干燥、灰尘不多、无腐蚀性和无爆炸性气体的场合；封闭式中的自冷和强迫风冷式适用于多尘、水土飞溅、潮湿、有腐蚀性气体的场合。而封闭式中的密闭式适用于浸入水中工作的机械；防爆式适用于有易燃气体和爆炸危险的场所；在露天环境，可选用户外式电动机。

（4）**电动机额定电压的选择**

根据电动机使用地点的电源电压来选择电动机的额定电压。一般工厂中都使用 380 V，所以，中小型异步电动机额定电压大多是 380 V，通常有 220/380 V 及 380/660 V 两种。

电机容量在 100 kW 以上时，可根据供电电源电压，选用 3 kV、6 kV、10 kV 的高压电动机。

（5）**电动机额定转速的选择**

对于额定功率相同的电动机，高速电机比低速电机的成本低、尺寸小、质量轻。因此，选用高速电机较为经济。但生产机械并不都需要高转速，所以很多生产机械需要配备减速箱，从而增加了减速箱的造价和传动上的能量损耗，这对于经常要启动、制动、反转的生产机械影响就更为明显，故应综合考虑电气与机械两方面的多种因素来确定电机的额定转速。

（6）**电动机额定功率的选择**

正确选择电动机容量的原则，是在电动机能够胜任生产机械负载要求的前提下，最经济合理地决定电动机的功率。若功率选得过大，设备投资增大，造成浪费，且电动机经常欠载运行，效率及功率因数低；反之，若功率选得过小，电动机将过载运行，电动机寿命缩短。决定电动机功率的最主要因素有三个：①电动机的发热与温升，这是决定电动机功率的最主要因素；②允许短时过载能力；③对交流笼型异步电动机还要考虑其启动能力。

在实际生产中，电动机容量的选择有如下两种方法：一种是分析估算法；另一种是统计类比法。

6.2 常用低压电器及继电接触控制系统

低压电器是现代工业过程自动化的重要部件,它们是组成电气设备的基础配套元件。低压电器包括了配电电器和控制电器,前者用于低压供配电系统,后者用于电力拖动控制系统。

电气控制技术是电力拖动控制系统中以各类电动机为动力的传动装置和系统为对象,实现生产过程自动化的控制技术,它包括了普通电气传动控制(位置、速度、压力、流量等)系统,综合自动化系统以及自动生产线,是现代化生产的重要组成部分和基石。电气控制线路的实现,有继电接触控制、可编程逻辑控制以及计算机控制方法(PLC、单片机)等方法。现代控制技术涵盖了上述方法,但继电接触控制仍然是其中最基本、最重要的方法之一。

由按钮、接触器、继电器等低压电器组成,可以实现远距离控制的电气控制系统,称为继电接触控制系统。它能实现电力拖动系统的启动、反转、制动、调速和保护,实现生产过程的自动化。我们知道,任何复杂的控制系统都是由一些简单的基本控制环节、保护环节根据不同要求组合而成,因此,掌握继电接触控制系统的基本环节是学习电气控制技术的基础。

本节将介绍常用低压电器及三相交流异步电动机继电接触控制的基本单元电路。

6.2.1 常用低压电器

低压电器,通常是指工作在交流电压 1 200 V 及其以下或直流电压 1 500 V 及其以下的电路中,起通断、控制、检测、保护和调节作用的电气设备。

低压电器的种类很多,就其用途或控制的对象不同,主要可分为两大类,即低压配电电器(如刀开关、转换开关、低压断路器、熔断器等)和低压控制电器(如接触器、继电器、主令电器等)。

(1)刀开关

刀开关是一种非自动切换的配电电器,主要用作低压电源(电压在 500 V 以下)的引入开关,使用时为确保维修人员的安全,由其将负载电路和电源隔开。

刀开关的结构简单,其极数有单极、两极和三极三种,每种又有单投与双投之分。应当注意,在安装刀开关时,电源进线应接在静触头(刀座)上,负载则接在可动刀片一端。这样,当断开电源的时候,裸露在外的触刀就不会带电。

目前常用的刀开关产品有两大类:一类能切断额定电流值以下的负载电流,主要用于低压配电装置中的开关板或动力箱等产品,属于这类产品的有 HD12、HD13、HD16 系列单投刀开关,HS12、HS13 系列的双投刀开关、HK 系列开启式负荷开关和 HH 系列封闭式负荷开关;另一类是不能带负荷作分断操作,只能作为隔离电源用的隔离器,一般安装于控制屏的电源进线侧,这类产品有 HD11 系列单投或 HS11 系列双投刀开关。

HK2 系列开启式负荷开关(瓷底胶盖刀开关),它的闸刀装在瓷制底座上,每相还附有熔体,主要用作照明电路和功率小于 5.5 kW 电动机的主电路中不频繁通断的控制开关。其 I 形结构和符号如图 6.2.1 所示。

（2）**组合开关**

组合开关又称为转换开关,也是一种刀开关,不过它的刀片是转动式的。

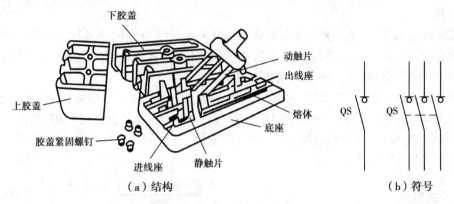

（a）结构　　　　　　　　　　　　　　　（b）符号

图6.2.1　开启式负荷开关的结构及符号

头(刀片)和静触头装在数层封闭的绝缘件内,采用叠装式结构,其层数由动触头决定。动触头装在操作手柄的转轴上随转轴旋转而改变各对触头的通断状态。由于组合开关采用扭簧储能,可使其快速接通和分断电路而与手柄旋转速度无关。

组合开关的结构比较紧凑,其实质是一种具有多触点、多位置的刀开关,有单极、双极、多极之分。除用作电源的引入开关外,它还被用来直接控制小容量电动机及控制局部照明电路等,其外形结构及符号如图6.2.2所示。

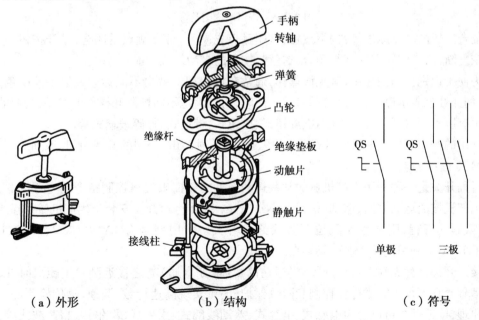

（a）外形　　　　　　（b）结构　　　　　　（c）符号

图6.2.2　组合开关的结构图及符号

常用的组合开关有 HZ5、HZ10、HZ15 等系列产品。

（3）**主令电器**

主令电器是电气控制系统中,用于发送控制指令的非自动切换的小电流开关电器,它利用控制接触器、继电器或其他电器,使电路接通和分断来实现对生产机械的自动控制。主令电器应用广泛,种类繁多,主要有按钮、行程开关、接近开关、万能转换开关、凸轮控制器、主令控制器等。

1)按钮

按钮又称按钮开关,是一种用来短时接通或分断小电流电路的手动控制电器。常用的按钮与前面介绍的两种开关不同的是它能够自动复位,通常它远距离发出"指令"控制继电器、接触器等电器,再由它们去控制主电路的通断。

按钮一般由按钮帽、复位弹簧、桥式动触点、静触点和外壳组成。根据其触点的分合状况,按钮可分为常开按钮(或启动按钮)、常闭按钮(或停止按钮)和复合按钮(常开常闭组合的按钮)。按钮可以做成单个(称单联按钮)、两个(称双联按钮)和三个(三联式)的形式。按钮的外形结构及符号如图6.2.3所示。

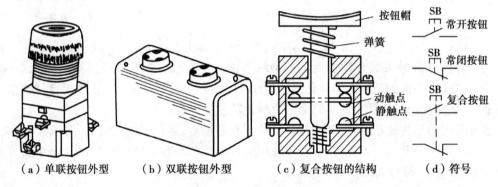

（a）单联按钮外型　（b）双联按钮外型　（c）复合按钮的结构　（d）符号

图 6.2.3　按钮结构图及符号

复合按钮的动作原理是:按下按钮,常闭触点先断开,常开触点后闭合;松开按钮,常开触点先恢复断开,常闭触点后恢复闭合,这就是按钮的自动复位功能。

为便于识别按钮的作用,避免误操作,通常在按钮帽上做出不同标志或以不同颜色,以示区别,例如红色表示停止,绿色表示启动。同时,为了满足不同控制和操作的需要,按钮的结构形式也有所不同,如紧急式、钥匙式、旋钮式、揿钮式、带灯式、打碎玻璃式等。

常用的按钮有国产的 LA2、LA18、LA19、LA20 系列,ABB 公司的 C 系列、K 系列。

2)其他主令电器

行程开关是一种利用生产机械的某些运动部件的碰撞来发出控制指令的主令电器,用于控制生产机械的运动方向、速度、行程大小或位置。若将行程开关安装于生产机械行程的终点处,以限制其行程,则又称为限位开关或终点开关。常用型号有 LX19、LX22、LX32、LX33、JLXK1、LXW11 和引进的 3SE3 等系列。

接近开关又称无触点行程开关,当运动的物体(如金属)与之接近到一定距离时,则发出接近信号。它不仅可完成行程控制和限位保护,还可实现高速计数、测速、物位检测等。按照工作原理,接近开关可以分为电感式、电容式、差动线圈式、永磁式、霍尔式、超声波式等,其中电感式最为常用。常用型号有国产的 3SG、U、SJ、AB、LXJ0 等系列,德国西门子公司的 3RG6、3RG7、3RG16 等系列。

万能转换开关是一种由多组相同结构的开关元件叠装而成,用以控制多回路的主令电器,一般由凸轮机构、触头系统和定位装置构成。它主要用于控制高压油断路器、空气断路器等的分合闸,各种配电设备中线路的换接、遥控和电压表、电流表的换向测量等;也可以用于控制小容量电动机的启动、换相和调速。常用型号有 LW6 等系列。

主令控制器是一种用来较为频繁地切换复杂的多回路控制电路的主令电器。它一般由触头、凸轮、转轴、定位机构等组成。主令控制器主要用于炼钢、大型起重机及其他生产机械的电力拖动控制系统中对电动机的启动、制动和调速等。常用型号有 LK1、LK5、LK6、LK14 等系列。

（4）接触器

接触器是用来频繁接通和断开交直流主电路及大容量控制电路的一种自动切换电器，具有低压释放、欠压失压保护功能。电磁式接触器利用电磁吸力与弹簧反力配合，使触点闭合与断开。它还具有低压释放保护功能，是电力拖动自动控制系统中最重要的控制电器之一。接触器的分类较多，按照接触器主触点通过的电流种类，可分为直流接触器和交流接触器。电磁式交流接触器的内部结构及符号如图 6.2.4 所示。

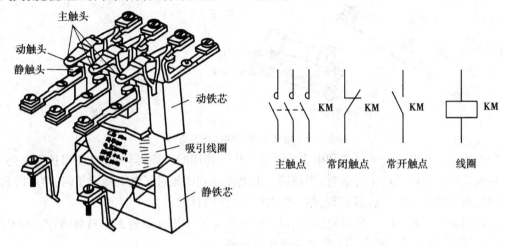

图 6.2.4　交流接触器结构及符号

电磁式交流接触器主要由电磁系统、触点系统和灭弧装置三大部分组成。电磁系统由吸引线圈、静铁芯和动铁芯（也称衔铁）组成。为了减少涡流与磁滞损耗，铁芯用硅钢片叠压铆成；为了减少接触器吸合时产生的震动和噪声，在铁芯上装有短路环。触点系统采用桥式触点形式，由静触点和动触点组成，触点必须接触良好，工作可靠，常用银或银合金制成。按功能不同，触点分为主触点和辅助触点两类。主触点接触面积较大，并具有断弧能力，用于通、断主电路，一般由三对常开触点组成。辅助触点额定电流较小（一般不超过 5 A），有常开、常闭两种，常用来通、断电流较小的控制回路。而灭弧装置（金属栅片灭弧、窄缝灭弧等装置）则在分断大电流或高电压电路时，起着熄灭电弧的作用。

交流接触器的工作原理是：当线圈通电后（俗称线圈得电），产生磁场，磁通经铁芯、衔铁和气隙形成闭合回路，产生电磁吸力；在电磁吸力的作用下，衔铁克服弹簧反力被吸合；在衔铁的带动下，常闭触点断开，常开触点闭合；当线圈断电时（俗称线圈失电），电磁吸力消失，衔铁在弹簧反力的作用下复位，带动主、辅触点恢复原来状态。

常用交流接触器有国产的 CJ20、CJ60、CKJ、CJX1、CJX2 系列、德国西门子公司的 3TB 系列、ABB 公司的 B 系列，法国 TE 公司的 LC1D、LC2D 系列等产品。

（5）熔断器

熔断器是利用物质过热熔化的性质制成的保护电器。熔断器主要由熔体和安装熔体的管或熔座两部分组成。熔体主要是用高电阻率低熔点的铅锡合金或低电阻率高熔点的银铜合金制成,使用时将其串接在被保护的电路中。熔管是熔体的保护外壳,由陶瓷、绝缘钢纸或玻璃纤维制成,有的里面还装有填充料(如石英砂),在熔体熔断时兼起灭弧的作用。其结构及符号如图6.2.5所示。

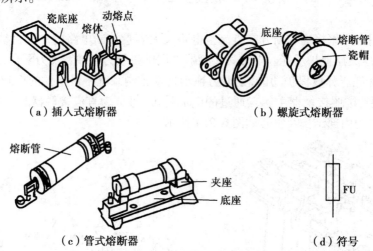

图 6.2.5 常用熔断器的结构及符号

熔断器常用在低压配电系统和电力拖动系统中。使用时,熔断器串联在所保护的电路中,当电路发生短路故障或严重过载时,通过熔体的电流达到或超过了某一规定值时,熔体因其自身产生的热量将会熔断,从而切断电路,达到保护电路的目的。

常用的熔断器有 RC1A 系列瓷插式、RL1 系列螺旋式、RM10 系列无填料封闭管式和 RT0、RT16 等系列有填料封闭管式、RS 系列快速式等几种。

前面介绍的几种熔断器,虽能起到短路保护作用,但熔体一旦熔断就不能再继续使用,用于电力网络的输配电线路中,新型的自复式熔断器结构解决了这一矛盾。自复式熔断器的熔体采用非线性电阻元件制成,在特大短路电流产生的高温高压下,熔体电阻值突变(即瞬间呈高阻状态),从而能将短路电流限制在很小的数值范围内。

(6)热继电器

热继电器是利用电流热效应原理来推动动作机构,使触点系统闭合或分断的保护电器,常用于电动机的过载保护、缺相保护和电流不平衡保护,以及其他电气设备发热状态的控制。其结构及符号如图6.2.6所示。

如果电动机过载时间过长,绕组温升就会超过允许值,将会加剧绕组的绝缘老化,缩短电动机的使用年限,严重时甚至会使电动机绕组烧毁。因此,对于长期运行的电动机,都必须提供过载保护装置。

热继电器主要由热元件、双金属片、触点系统和动作机构等几部分组成。热元件是一段电阻不太大的电阻片(或电阻丝),串接在电动机的主电路中,它对双金属片的加热方式主要有直接加热、间接加热和复合加热,其中间接加热应用最为广泛。热继电器的常闭触点串接在控制电路中,当电动机正常工作时,热继电器不动作。如果电动机过载,流过热元件的电流超过允许值一定时间后,热元件的温度升高,双金属片(由两层热膨胀系数不同的金属片经热轧合而成)因受热弯曲位移增大而推动导板使触点动作,常闭触点的断开使控制电路失电,断开电动机的主电路而起到保护作用。

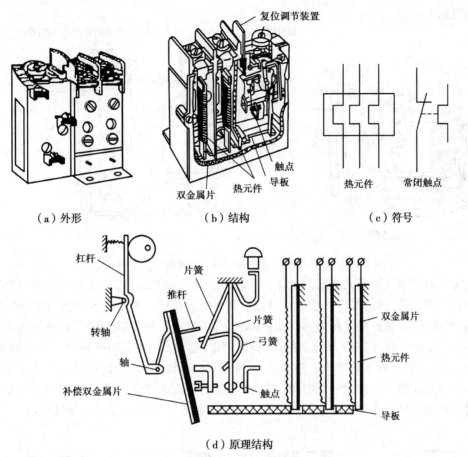

（a）外形　　　　（b）结构　　　　（c）符号

（d）原理结构

图6.2.6　热继电器的结构及符号

常用的热继电器有国产的 JR0 JR10、JR16、JR20、JRS1 系列、德国西屋芬纳尔公司的 JR23（KD7）系列、西门子公司的 JRS3（3UA）系列、ABB 公司的 T 系列等多种。

由于热继电器中双金属片受热时具有热惯性，不可能瞬间变形动作，因此热继电器不同于过电流继电器和熔断器，它不能用作瞬时过载保护，更不能用作短路保护。当然，也正因为热惯性，热继电器在电动机启动过程或短时过载时不会误动作。

综上所述，虽然熔断器和热继电器都是保护电器，但是它们的保护作用是各不相同的。熔断器用作短路保护，只有在严重过载时才能作过载保护；而热继电器由于它的热惯性，只能作过载保护，绝对不能用来作电路的短路保护。

（7）时间继电器

时间继电器是一种利用各种延时原理（例如电磁原理或机械动作）来延迟触点的闭合或分断的自动控制电器。其种类很多，按动作原理可分为电磁阻尼式、空气阻尼式、电动式和电子式等；按延时方式可分为通电延时型和断电延时型两种。

下面以空气阻尼式继电器为例，介绍时间继电器的结构、工作原理及符号等。

空气阻尼式时间继电器又称气囊式时间继电器，它是利用空气阻尼原理来获得延时，主要由电磁机构、延时机构、工作触点等构成。电磁机构有交流、直流两种，当衔铁位于静铁芯和延时机构之间时,为通电延时型,其结构如图6.2.7所示;而静铁芯位于衔铁和延时机构之间时,为断电延时型。

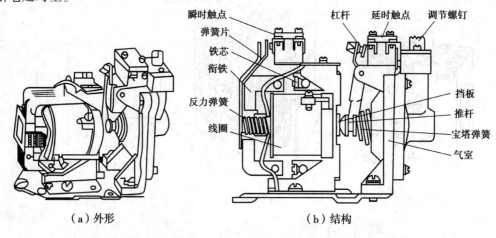

（a）外形　　　　　　　　　　　（b）结构

图6.2.7　空气阻尼式通电延时型时间继电器的结构示意图

通电延时型空气阻尼式时间继电器,当线圈通电后,衔铁吸合,在衔铁的带动下弹簧片使瞬时触点立即动作,同时推杆在宝塔弹簧的作用下推动挡板。由于气室中橡皮膜下的空气变得稀薄,形成负压,推杆只能慢慢移动,其移动速度由调节螺钉控制的进气孔的进气大小来决定。经过一段延时后,杠杆压动延时触点,使其动作,起到了通电延时的作用。当线圈断电,衔铁释放,气室中橡皮膜下的空气迅速排出,使推杆、杠杆、瞬时触点、延时触点等迅速复位。由线圈得电到延时触点动作的一段时间,即为时间继电器的延时时间,其大小可以通过调节螺钉调节进气孔的气隙大小来改变。其线圈和延时触点如图6.2.8(b)、(d)、(e)所示。

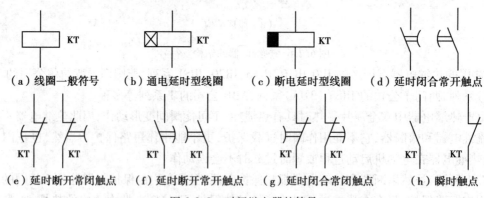

（a）线圈一般符号　（b）通电延时型线圈　（c）断电延时型线圈　（d）延时闭合常开触点

（e）延时断开常闭触点　（f）延时断开常开触点　（g）延时闭合常闭触点　（h）瞬时触点

图6.2.8　时间继电器的符号

断电延时型空气阻尼式时间继电器,当其线圈得电时,延时触点和瞬动触点立即动作,只是在线圈失电时,瞬动触点立即复位。对于延时触点而言,已经闭合的常开触点会延时断开,而断开的常闭延时触点则会延时闭合。其线圈和延时触点如图6.2.8(c)、(f)、(g)所示。

目前国内新式的产品有JS23系列,用于取代老式的JS7A、JS7B及JS16系列。空气阻尼式时间继电器具有结构简单、调整简便、延时范围大,不受电源电压及频率波动的影响、价格低等优点。但其延时精度低,一般用于对延时精度要求不高且无粉尘污染的场合。

(8)低压断路器

低压断路器又称自动空气开关或自动空气断路器,在低压电路中,用于分断和接通负荷电路,不频繁地启动异步电动机,对电源线路及电动机实行保护等。其作用相当于是刀开关、热继电器、熔断器和欠电压继电器的组合,可以实现短路、过载、欠压和失压保护,是低压电器中应用较广的一种保护电器。断路器按照结构的不同可分为装置式和万能式两种,图6.2.9是一般三极低压断路器的原理图和符号。

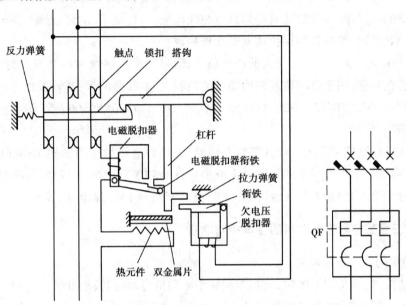

图 6.2.9　低压断路器的原理图及符号

低压断路器由触头系统、灭弧装置、脱扣器和操作机构等部分组成。当电路发生故障,脱扣器通过操作机构,使主触点在弹簧的作用下迅速分断跳闸。其操作机构较复杂,其通断可用手柄操作,也可用电磁机构操作,大容量的断路器也可采用电动机操作。

1)主触头及灭弧装置

它们是断路器的执行部件,用于接通和分断主电路。为提高其分断能力,主触头采用耐弧金属制成,并设有灭弧装置。

2)脱扣器

它是断路器的感受元件,当电路出现故障时,脱扣器检测到故障信号后,经脱扣机构使断路器的主触头分断。

①电磁式电流脱扣器的线圈串接在主电路中,当额定电流通过时,产生的电磁吸力不足以克服弹簧反力,衔铁不吸合。当出现瞬时过电流或短路电流时,衔铁被吸合并带动脱扣机构,使低压断路器跳闸,从而达到瞬时过电流或短路电流保护目的。

②过载脱扣器常采用双金属片制成脱扣器,加热元件串联在主电路中,当电流过载到一定值时,双金属片受热弯曲带动脱扣机构,使低压断路器跳闸,达到过载保护目的。

③欠压、失压脱扣器是一个具有电压线圈的电磁机构,线圈并接在主电路中。当主电路电压正常时,脱扣器产生足够大的吸力,克服弹簧反力将衔铁吸合;当主电路电压消失或降至一定数值以下时,断路器的主触点闭1的电磁吸力不足以继续吸持衔铁,在弹簧反力作用下,衔铁推动脱扣机构,使低压断路器跳闸,从而达到欠压失压保护目的。

④分励脱扣器用于远距离操作。正常工作时,其线圈断电;需要远方操作时,使线圈通电,

电磁铁带动操作机构动作,使低压断路器跳闸。

不是所有型号的低压断路器都具有上述几种脱扣器,因为低压断路器具有的多种功能,是以脱扣器或附件的形式实现的,根据用途不同,断路器可以配备不同的脱扣器或附件。随着智能化低压电器的发展,以微处理器或单片机为核心的智能控制器构成的智能化断路器不仅具备普通断路器的各种保护功能,还对电路具有在线监视、自行调节、测量、诊断、热记忆、通信等功能,并可显示、设定、修改各种保护功能的动作参数。

装置式低压断路器又称为塑壳式低压断路器,通过用模压绝缘材料制成的封闭型外壳将所有构件组装在一起,用于电动机及照明系统的控制、供电线路的保护等,操作方式多为手动。主要型号有 DZ5、DZ10、DZ15、DZ20、DZX10、DZX19、DZS620、C65N、S060 等系列以及带漏电保护功能的 DZL25 等系列。

万能式低压断路器又称为框架式低压断路器,由具有绝缘衬垫的框架结构底座将所有的构件组装在一起,用于配电网络的保护。主要型号有 DW10、DW16(一般型)、DW15、DW15HH(多功能、高性能型)、DW65(智能型)、ME、AE(高性能型)和 M(智能型)等系列。

6.2.2 三相笼型异步电动机的基本控制电路

(1)电动机的点动控制电路

所谓点动控制,就是按下按钮,三相笼型异步电动机启动运转;松开按钮,三相笼型异步电动机断电停转。图 6.2.10 为三相笼型异步电动机点动控制电路。

点动控制原理:按下 SB 按钮,接触器 KM 线圈通电吸合,主触点闭合,三相笼型异步电动机启动旋转;松开 SB 按钮时,接触器 KM 线圈断电释放,主触点断开,三相笼型异步电动机停转。

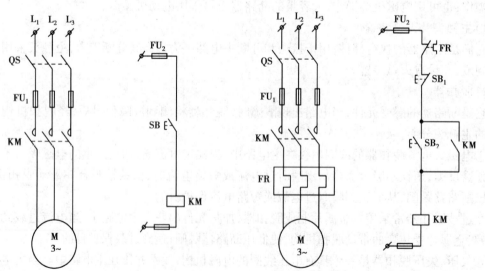

图 6.2.10　点动控制原理图　　　　图 6.2.11　电动机单向旋转连续控制电路

(2)电动机的连续运转控制电路

生产机械不仅需要点动控制,常需要连续运转。三相笼型电动机的单向连续运转控制电路可以由负荷开关、低压断路器或者接触器来控制。图6.2.11是接触器控制电动机单向连续运转电路。

电动机启动:按下启动按钮 SB2,接触器 KM 线圈通电并吸合,主触点 KM 闭合,电动机启动旋转,同时与 SB2 并联的常开辅助触点 KM 也闭合。当松开按钮 SB2 时,KM 线圈仍可通过其自身的常开辅助触点这一条路径来继续保持通电,从而使电动机获得连续运转。接触器依靠自身的常开触点使线圈保持通电的效果,称为自锁(俗称自保)。此时,这对常开辅助触点称为自锁触点。

电动机停转:按下停车按钮 SB1,接触器 KM 线圈断电并释放,其主触点和自锁触点均分断,切断接触器线圈电路和电动机电源,电动机断电停转。

此电路具有的保护环节:

1)短路保护

由熔断器 FU_1 作主电路的短路保护(若选用断路器作电源开关时,断路器本身已经具备短路保护功能,故熔断器 FU_1 可不用)、FU_2 用作控制电路的短路保护。

2)过载保护

热继电器 FR 用作电动机的过载保护和缺相保护。当电动机出现长期过载时,串接电动机定子绕组电路中的热元件使双金属片受热弯曲,这时串接在控制电路中的常闭触点断开,切断接触器线圈电路,使电动机断开电源,实现过载保护。

3)欠压和失压(零压)保护

这种电路本身具有失压和零压保护功能。在电动机运行中,当电源电压降低到一定值(一般在额定电压的85%以下)时,接触器线圈磁通量减小,电磁吸力不足,使衔铁释放,主触点和自锁触点断开,电动机停转,实现欠压保护;在电动机运行中,电源突然停电,电动机停转。当电源恢复供电时,由于接触器主触点和自锁触点均已断开,若不重新启动,电动机不会自行工作,实现了失压保护。因此,带有自锁功能的接触器控制电路具有欠压失压保护作用。

(3)电动机的正反转控制

生产机械的运动部件往往要求向正反两个方向运动,这就要求拖动电动机能正反向旋转。由电机原理可知,只要改变电动机定子绕组的三相交流电源相序,就可实现电动机的正反转。因此,可采用两个接触器来实现不同电源相序的换接。

三相笼型异步电动机的正反转控制电路基本上是由两组单相旋转控制电路组合而成,其主电路由正转接触器 KM_1、反转接触器 KM_2 的主触点来改变电动机的相序,实现电动机的正反转,如图6.2.12(a)所示。很显然,当正转接触器 KM_1 接通时,电动机正转;当反转接触器 KM_2 接通时,电动机反转;假若两个接触器同时接通,那么主电路将有两根电源线通过它们的主触点使电源出现相间短路事故。因此,对正反转控制电路最基本的要求是:必须保证两个接触器不能同时得电。

两个接触器在同一时间里利用各自的常闭触点锁住对方的控制电路,只允许一个线圈通电的控制方式称为互锁或联锁,如图6.2.12(b)所示。将正反转接触器 KM_1、KM_2 的常闭触点串接在对方的线圈电路中,形成相互制约的控制。这样,当正转接触器 KM_1 工作时,其常闭锁触点 KM_1 断开了反转接触器 KM_2 的线圈电路,即使再误按反转启动按钮 SB3 也不可能使 KM_2

线圈通电;同理,当反转接触器 KM_2 通电时,正转接触器 KM_1 也不可能动作。

这种控制电路的优点是安全可靠,不会出现误操作。缺点是在正转过程中若要反转时,必须先按停车按钮 SB_1,使 KM_1 失电,互锁触点 KM_1 恢复闭合后,再按反转启动按钮 SB_3 才能使 KM_2 得电,电动机反转;反之亦然。这就构成了"正—停—反"或"反—停—正"的操作顺序。

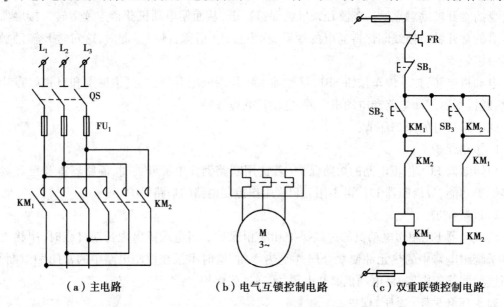

（a）主电路 （b）电气互锁控制电路 （c）双重联锁控制电路

图 6.2.12 电动机的正反转控制图

对于要求电动机直接由正转变反转或者反转直接变正转,可以采用双重联锁电路,如图 6.2.12(c) 所示。它增设了启动按钮的常闭触点作互锁,构成具有电气、按钮互锁的控制电路。此电路既可实现"正—停—反"操作,又可实现"正—反—停"操作。

（4）电动机的降压启动

额定电压运行时定子绕组接成三角形的三相笼型异步电动机,可以采用 Y-△ 降压启动方式来实现限制启动电流的目的。电动机启动时,定子绕组接成星形,启动快运转后再接成三角形全压运行。采用三个接触器来实现电动机的 Y-△ 降压启动,其控制电路如图 6.2.13 所示。它由断路器 QF、接通电源接触器 KM_1、Y 形连接接触器 KM_3、△ 形连接接触器 KM_2、通电延时型时间继电器 KT 等组成。

电路控制原理:合上电源开关 QS,按下启动按钮 SB_2,接触器 KM_1、KM_3 得电自锁,电动机定子绕组星形接线,降压启动;同时,时间继电器 KT 得电延时,当延时时间到,KT 常闭触点断开,KM_3 失电,KT 常开触点闭合使 KM_2 得电自锁,电动机定子绕组换接为三角形全压运行。当 KM_2 得电后,其常闭触点断开使 KT 失电,以免 KT 长期通电。KM_2、KM_3 的常闭触点为互锁触点,以防止电动机定子绕组同时连接成星形和三角形,造成电源短路,时间继电器 KT 延时动作时间,就是电动机接成 Y 形的降压启动过程时间。Y/△ 降压启动,仅适用于空载或轻载启动的场合。

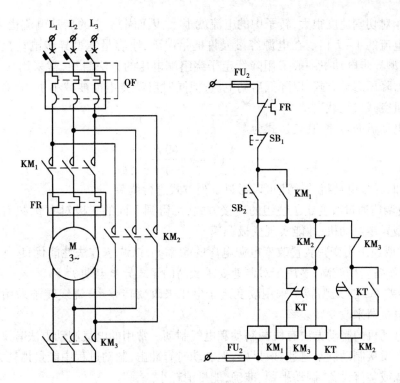

图 6.2.13　Y-△降压启动控制图

本章小结

1. 三相交流异步电动机又称为感应式电动机,它们的结构较简单,其静止部分称为定子,转动部分称为转子,定子和转子均由铁芯和绕组组成。转子有两种结构形式:一种是笼型,一种是绕线型。

2. 三相对称交流电通入电动机的对称三相定子绕组中,将在气隙中产生圆形旋转磁场。该磁场以同步转速 n_1 切割转子绕组,则在转子绕组中感应出电动势及电流,转子电流又与旋转磁场相互作用产生电磁转矩,使转子旋转。

3. 由于此种电动机的转子导体与旋转磁场之间必须有相对运动,即转子的转速总是低于旋转磁场的转速,故称为异步电动机。旋转磁场的转速 n_1 在电源频率一定的情况下主要由定子绕组的磁极对数来确定,即

$$n_1 = 60 f_1/p$$

4. 若改变加于三相异步电动机定子绕组的三相电源的相序,便可改变旋转磁场的旋转方向,从而改变异步电动机的旋转方向。

5. 异步电动机的铭牌标出了这台电动机的主要技术参数,是选择和使用电动机的依据。这些技术参数主要是额定功率(又称"额定容量")、额定电流、额定电压、额定转速、定子绕组接法、绝缘等级、工作方式等。

6. 异步电动机的启动性能较差,启动电流大,启动转矩小。因为电动机在启动时转子与转

磁场之间的相对切割速度很大,转子中的电流就很大,因而定子中的启动电流也大,通常电动电流为额定电流的 4 ~ 7 倍。在电源容量允许的情况下,小容量笼型异步电动机可以直接启动,大容量笼型异步电动机一般采用降低定子绕组端电压的方法启动,常采用 Y-△ 降压启动与自耦变压器降压启动方式,以降低启动电流,但同时启动转矩也被减小了,故降压启动适用于笼型电动机空载或轻载启动。

7. 异步电动机的转速,其表达式为

$$n = (1 - s) \frac{60 f_1}{p}$$

由此可知,异步电动机的转速可以通过下列方式进行调节:

(1)变极调速通过改变定子绕组的连接方式,可得到不同的磁极对数 p,只有采用特殊绕组结构的笼型异步电动机,才能实现变极调速。

(2)变频调速采用变频装置改变电源电压的频率 f_1,该调速方法性能优良、平滑性好、调速范围大,但设备费用较高,多用于对调速要求较高的笼式异步电动机。

(3)变转差率调速笼型转子采用改变定子电压来改变转差率,绕线转子采用在转子绕组中串电阻或电抗器来改变转差率。

8. 异步电动机的制动方法有机械制动和电气制动。常用的电气制动方法有反接制动和能耗制动两种。反接制动制动迅速,效果好,但制动时有冲击,制动过程中能量损耗大;能耗制动需要直流电源或整流设备,制动平稳、准确,能量消耗小。

9. 选择异步电动机时,首先应根据工作环境和生产机械的要求选择电动机的种类和结构形式,然后根据生产机械的功率和工作方式选择电动机的容量、额定电压和额定转速等。

10. 继电接触器控制是一种有触点控制系统。常用的继电接触控制电器分为控制电器与保护电器两大类。其中,刀开关、组合开关、按钮和接触器等属于控制电器,用来控制电路的通断;熔断器和热继电器等属于保护电器,用来保护电路或电机的安全。

11. 电动机控制线路分为主电路与控制电路两大部分。主电路是从电源到电动机的供电电路,其中有较大的电流通过,主电路一般画在线路图的左边或上边,用粗实线表示,主电路应设隔离开关、短路保护、过载保护等;控制电路是用来控制主电路的电路,保证主电路安全正确地按照要求工作,控制电路以及信号、照明等辅助电路中通过的是小电流,一般画在线路图的右边或下边,用细实线来表示。同一个电器的线圈、触点分开画出,并用同一文字符号标明。控制电路应具有短路保护、欠压与失压保护等功能。

12. 三相笼型异步电动机单向连续运转控制电路正常工作的关键是自锁的实现。而电动机正反转控制电路的关键则是改变电源相序,但必须设置互锁,使得换向时避免电源短路并能正常工作。电动机的 Y-△ 降压启动则是利用时间继电器来实现电动机定子绕组 Y 形连接降压启动到定子绕组△形连接全压运行的自动切换,这种降压启动可以使电压降到工作电压的 $1/\sqrt{3}$,电流降到直接启动的 1/3。

习 题

1. 为什么三相交流异步电动机的定子、转子铁芯要用导磁性能良好的硅钢片制成?

2. 什么是旋转磁场？三相交流旋转磁场产生的条件是什么？假如三相电源的一相线，那么三相异步电动机能否产生旋转磁场？为什么？

3. 旋转磁场的转向由什么决定？如何改变旋转磁场的转向？

4. 试简述三相交流异步电动机的工作原理，并解释"异步"的意义。

5. 为什么异步电动机又称为感应电动机？

6. 三相交流异步电动机的旋转方向由什么因素决定？如何改变其转向？

7. 笼型异步电动机和绕线式异步电动机在结构上有何不同？

8. 异步电动机的启动电流为什么很大？启动电流大有些什么危害？

9. 笼型异步电动机常用的启动方法有哪些？

10. 有一台笼型电动机，其铭牌上规定电压为 380/220 V，当电源电压为 380 V 时，试问能否采用 Y-△ 降压启动？

11. 笼型异步电动机通常用什么方法调速？

12. 怎样实现三相异步电动机的反转？频繁反转对电动机有何影响？为什么？

13. 三相异步电动机有哪几种制动方法？各有何特点？各适用于哪些场合？

14. 异步电动机的运行状态与制动状态的主要区别是什么？试说明能耗制动与反接制动的原理。

15. 热继电器与熔断器在电路中功能有何不同？热继电器为什么不能作短路保护？

16. 什么是零压保护？如何实现零压保护？

17. 什么是过载保护？怎样实现过载保护？

参考文献

[1] 李若英.电工电子技术基础[M].4 版.重庆:重庆大学出版社,2014.

[2] 苟鸿娅.电工技术基础实用教程[M].成都:西南交通大学出版社,2015.

[3] 白乃平.电工基础[M].4 版.西安:西安电子科技大学出版社,2017.

[4] 秦曾煌.电工学:上册[M].7 版.北京:高等教育出版社,2013.

[5] 蔡元字.电路及磁路[M].4 版.北京:高等教育出版社,2013.

[6] 胡翔骏.电路基础[M].2 版.北京:高等教育出版社,2009.

[7] 张永瑞.电路分析基础[M].2 版.西安:西安电子科技大学出版社,2013.

[8] 易沅屏.电工学[M].2 版.北京:高等教育出版社, 2010.

[9] 肖广润,周惠.电工技术[M].3 版.武汉:华中科技大学出版社,2002.

[10] 李春茂.电工技术[M].修订版.北京:科学技术文献出版社,2003.

[11] 王新新,包中婷,刘春华.电工基础[M].北京:电子工业出版社,2004.

[12] 徐虎,胡幸鸣.电机原理[M].2 版.北京:机械工业出版社, 1998.

[13] 许寥.工厂电气控制设备[M].3 版.北京:机械工业出版社.2013.

[14] 官淑华.电机学[M].7 版.北京:电子工业出版社,2014.

[15] 刘介才.工厂供电[M].6 版.北京:机械工业出版社,2015.

[16] 秦曾煌.电工学:下册[M].7 版.北京:高等教育出版社, 2013.